# ANÁLISE QUALITATIVA
## ESCALA SEMIMICRO

## Autores

**Silvio Luis Pereira Dias**
Doutor em Ciências pela Unicamp, professor do Departamento de Química Inorgânica da UFRGS

**Fábio Marcos Gonçalves Bohrer**
Licenciado em Química pela UFRGS, professor aposentado pelo Instituto de Química da UFRGS

**Maria Augusta de Luca**
Doutora em Ciências dos Materiais – PGCIMAT – pela UFRGS, professora aposentada pelo Instituto de Química da UFRGS

**Júlio César Pacheco Vaghetti**
Doutor em Química pela UFRGS, químico da Central Analítica do Instituto de Química da UFRGS

**Jorge de Lima Brasil**
Doutor em Química pela UFRGS, professor do Instituto Federal do Rio Grande do Sul – IFRS Campus Osório

| A532 | Análise qualitativa em escala semimicro / Silvio Luis Pereira Dias ... [et al.]. – Porto Alegre : Bookman, 2016. xi, 124 p. il. ; 25 cm. |
|---|---|
| | ISBN 978-85-8260-374-1 |
| | 1. Química – Análise qualitativa. 2. Escala semimicro. I. Dias, Silvio Luis Pereira. |
| | CDU 543.061 |

Catalogação na publicação: Poliana Sanchez de Araujo – CRB 10/2094

Silvio Luis Pereira DIAS
Fábio Marcos Gonçalves BOHRER
Maria Augusta de LUCA
Júlio César Pacheco VAGHETTI
Jorge de Lima BRASIL

# ANÁLISE QUALITATIVA  EM ESCALA SEMIMICRO

2016

© Bookman Companhia Editora Ltda., 2016

Gerente editorial: *Arysinha Jacques Affonso*

*Colaboraram nesta edição:*

Editora: *Denise Weber Nowaczyk*

Capa: *Márcio Monticelli*

Imagens da capa: *MarcelC/iStock/Thinkstock; Ryan McVay/Stockbyte/ Thinkstock*

Preparação de originais: *Sandra Chelmicki*

Editoração: *Techbooks*

Reservados todos os direitos de publicação à
BOOKMAN EDITORA LTDA., uma empresa do GRUPO A EDUCAÇÃO S.A.
Av. Jerônimo de Ornelas, 670 – Santana
90040-340 – Porto Alegre – RS
Fone: (51) 3027-7000   Fax: (51) 3027-7070

Unidade São Paulo
Av. Embaixador Macedo Soares, 10.735 – Pavilhão 5 – Cond. Espace Center
Vila Anastácio – 05095-035 – São Paulo – SP
Fone: (11) 3665-1100   Fax: (11) 3667-1333

SAC 0800 703-3444 – www.grupoa.com.br

É proibida a duplicação ou reprodução deste volume, no todo ou em parte, sob quaisquer formas ou por quaisquer meios (eletrônico, mecânico, gravação, fotocópia, distribuição na Web e outros), sem permissão expressa da Editora.

IMPRESSO NO BRASIL
*PRINTED IN BRAZIL*

# Prefácio

A história do desenvolvimento da disciplina de Química Analítica Qualitativa na Universidade Federal do Rio Grande do Sul está registrada neste livro. Mas não se engane, leitor. Este não é um livro de história, como tradicionalmente concebido. Ele é, antes, um registro do desenvolvimento da disciplina ao longo de seus 40 anos. Certamente alunos e professores que futuramente comemorarem o centenário do curso vão incluir entre os objetos da mostra alusiva à data um exemplar desta obra, pois ela traz consigo um pouquinho de cada docente que por essa disciplina passou e da bibliografia que utilizou então. Os mestres dos nossos mestres estão devidamente reconhecidos na nossa lista de referências e leituras recomendadas no final deste livro.

O contato cotidiano e de laboratório com os alunos, bem como as condições de trabalho oferecidas na instituição, foram moldando, gradativamente, o conteúdo programático e a maneira particular que os autores deste material encontraram para transmiti-lo.

Nessa história, é importante destacar alguns nomes que foram essenciais para que o objetivo de tornar o conhecimento ainda mais acessível e organizado fosse atingido. Cabe, inicialmente, citar os professores Arino Romeo Hoefel e Hélio Afonso Hoefel, ambos já falecidos, cujo trabalho serviu de modelo para as gerações seguintes – desde a formatação das aulas teóricas e de laboratório até as contribuições para sistematização do conteúdo, que resultaram na introdução de fluxogramas, de tabelas, de listas de exercícios e de novidades na prática da disciplina.

Na história mais recente, salientamos a colaboração dos professores José Rosito Filho, Lena Santos Costa, Maria Regina de Souza Câmara e José Luis Ribeiro, também falecido, que teve o grande mérito de dar início ao processo de conversão do farto material didático disponível em arquivos digitais. José Luis uniu toda a equipe nesse esforço, permitindo que este livro chegasse hoje aos leitores como uma espécie de resgate do acervo da disciplina.

Também cabe um agradecimento especial ao colega servidor Edison Schwarz de Melo, pela elaboração das normas básicas de segurança sobre o manuseio de produtos químicos em laboratório.

# Apresentação

A Química Analítica Qualitativa trata da identificação de espécies inorgânicas presentes em uma solução e divide-se em análise sistemática de cátions e de ânions. A rigor, toda análise quantitativa deveria ser precedida de uma análise qualitativa para determinar, não só o constituinte de interesse, mas também os demais possíveis interferentes.

Os objetivos imediatos do ensino da análise qualitativa são a determinação dos componentes presentes em soluções desconhecidas. O estudo aprofundado da sua sistemática capacita o aluno a analisar e executar qualquer amostra desconhecida, composta dos elementos mais comuns. No entanto, o objetivo maior é, por meio do estudo das reações envolvidas e dos respectivos equilíbrios competitivos, aplicar os conhecimentos de equilíbrio químico em situações de análise, por meio de considerações e cálculos que envolvem precipitação/dissolução, complexação e oxidação/redução, por exemplo. Em segundo lugar, a finalidade é consolidar o conhecimento sobre as reações químicas que ocorrem em solução e que envolvem diferentes cátions e ânions, bem como identificar, pela aparência, os produtos formados.

Muitas das reações utilizadas na identificação dos principais cátions são também utilizadas na identificação dos principais ânions, de modo que um estudo aprofundado de um procedimento sistemático para análise de cátions prepara o aluno para realizar, de igual forma, esquemas distintos de análise de cátions e de ânions.

O conjunto de conceitos utilizados para a realização de uma Análise Química Qualitativa é o que torna tão abrangente e particularmente interessante a análise de cada amostra a ser estudada.

## Público-alvo

A rápida evolução do conhecimento químico nos dias atuais tem provocado uma correspondente e contínua mudança nos conteúdos programáticos dos cursos de Química. Essas ações modificadoras dos programas acadêmicos são resultado da velocidade com que surgem novas tecnologias, bem como de processos e técnicas oriundos da pesquisa em diferentes áreas do conhecimento científico, e de como essas transformações impactam nos métodos de ensino.

A disciplina de Química Analítica Qualitativa ministrada no Instituto de Química da Ufrgs é um curso teórico-prático com duração de 19 semanas e carga horária de três horas semanais. Aborda o conteúdo de equilíbrios iônicos aplicados à análise qualitativa de amostras líquidas e sólidas e é dirigida a alunos dos cursos de Geologia, Engenharia Química, Engenharia de Materiais, Engenharia de Minas, Engenharia Metalúrgica, Farmácia, Geologia, Química Industrial e Bacharelado em Química.

A análise qualitativa é uma disciplina que oferece uma excelente oportunidade de inserir o estudante no mundo das reações químicas, oportunizando o despertar do seu raciocínio lógico associado ao pensamento científico. Considerando que análise qualitativa é uma ciência de caráter prático, este livro tem como foco um esquema de trabalho direcionado às aulas práticas. Para isso, procurou-se concentrar a atenção nas reações específicas empregadas para separar ou identificar os íons a partir de um sistema de análise sistemática, sem focar no estudo particular de cátions e de ânions, como acontece em obras clássicas de Química Análise Qualitativa. O sistema de trabalho adotado proporciona ao estudante uma extensa variedade de operações corriqueiras de laboratório e um meio efetivo de aplicação do princípio do equilíbrio químico em diversas situações experimentais, contribuindo de uma forma muito eficaz para o desenvolvimento de seu espírito crítico.

## Proposta de cronograma

O material apresentado neste livro é fruto das experiências de aprendizagem vivenciadas no Departamento de Química Inorgânica do Instituto de Química da Universidade Federal do Rio Grande do Sul (Ufrgs). Dessa forma, apresentamos uma proposta de cronograma que contempla todo o conteúdo de Análise Qualitativa disponibilizado neste livro. Esse cronograma aborda a parte teórica e prática ao longo de quatorze semanas letivas, em três horas semanais. As demais horas são destinadas a testes e provas de conhecimento.

Durante esse período, é esperado o desenvolvimento dos seguintes conhecimentos por parte dos estudantes:

- aprimoramento de habilidades investigativas, de forma a separar e identificar espécies inorgânicas em amostras desconhecidas e/ou complexas;
- relacionamento dos conhecimentos analíticos adquiridos com áreas correlatas à Química;
- apresentação de um comportamento adequado às boas práticas de laboratório.

## CRONOGRAMA

| Semana | Teoria | Prática |
|---|---|---|
| 1 | Introdução à Química Analítica<br>Escalas de trabalho em Análise Qualitativa | Técnicas de laboratório em escala semimicro |
| 2 | Análise sistemática dos cátions do subgrupo I | Análise sistemática dos cátions do Grupo I |
| 3 | Análise sistemática dos cátions do subgrupo II-A<br>Precipitação fracionada de sulfetos | |
| 4 | | Análise sistemática dos cátions do subgrupo II-A |
| 5 | Análise sistemática dos cátions do subgrupo II-B | Análise sistemática dos cátions do subgrupo II-B |
| 6 | Precipitação controlada de hidróxidos<br>Análise sistemática dos cátions do Grupo III | Análise sistemática dos cátions do Grupo III |
| 7 | Análise sistemática dos cátions do Grupo IV<br>Reações de identificação dos cátions do Grupo V | Análise sistemática dos cátions do Grupo IV<br>Ensaios por chama<br>Reações de identificação dos cátions do Grupo V |
| 8 | | Identificação dos ânions mais comuns |
| 09 | | Análise de ligas metálicas e de minérios |
| 10 | | Análise Qualitativa em uma solução problema |
| 11 | Dissolução de precipitados iônicos pela conversão do ânion em ácido fraco e por reações de complexação | |
| 12 | Dissolução de precipitados iônicos por oxidação do ânion | |
| 13 | Resolução de Problemas 1 | |
| 14 | Resolução de Problemas 2 | |

# Sumário

Introdução . . . . . . . . . . . . . . . . . . . . . . . . . . . . . . . . . . . . . . . . . . . . . . . 1

**Capítulo 1**
Conceitos básicos . . . . . . . . . . . . . . . . . . . . . . . . . . . . . . . . . . . . . . . . 5

**Capítulo 2**
Prática de laboratório . . . . . . . . . . . . . . . . . . . . . . . . . . . . . . . . . . . 31

**Capítulo 3**
Análise sistemática de cátions . . . . . . . . . . . . . . . . . . . . . . . . . . . . . 37

**Capítulo 4**
Aplicação do equilíbrio químico na análise sistemática . . . . . . . . . . . . . . . 85

Exercícios resolvidos . . . . . . . . . . . . . . . . . . . . . . . . . . . . . . . . . . . 91

Exercícios . . . . . . . . . . . . . . . . . . . . . . . . . . . . . . . . . . . . . . . . . . . 109

Referências . . . . . . . . . . . . . . . . . . . . . . . . . . . . . . . . . . . . . . . . . . 121

Índice . . . . . . . . . . . . . . . . . . . . . . . . . . . . . . . . . . . . . . . . . . . . . . 123

# Introdução

De um modo conciso, as origens e o desenvolvimento dos métodos práticos em Química Analítica, em especial a Análise Qualitativa, podem ser visualizados e melhor compreendidos a partir das principais contribuições de estudiosos e pesquisadores ao longo da história. Assim, linhas de tempo são particularmente úteis para estudar a evolução da Química e sua influência no desenvolvimento da Análise Qualitativa.

A seguir, apresentamos algumas das principais contribuições para o desenvolvimento da Análise Qualitativa.

## Origem

Admite-se que a Química Analítica tenha a sua origem no Antigo Egito, onde foram desenvolvidos processos de extração de metais nobres (ouro e prata) utilizando técnicas de copelação mediante aquecimento em cadinho poroso feito de cinza de osso.

## 23-79 d.C.

C. P. Secundus desenvolveu um teste qualitativo em uma tira de papiro umedecido em solução contendo extrato de noz de galha, cujo componente ativo é o tanino, para detectar a contaminação de ferro na forma de sulfato de cobre II em acetato de cobre (II).

## Início do século XVIII

O. Tachenius realizou estudos para avaliar o efeito do extrato da noz de palha em soluções de sais metálicos observando a cor desenvolvida para vários metais.

## 1636-1703

E. Gockel propôs a adição de ácido sulfúrico na detecção de chumbo no vinho na forma de uma turbidez branca.

## 1627-1691

R. Boyle foi o primeiro a sistematizar todas as reações qualitativas conhecidas naquela época por via úmida, propondo também novas reações. Utilizou corantes vegetais como indicadores para identificar ácidos e bases.

## 1709-1782

S. A. Marggraf desenvolveu um método para testar a presença do metal ferro nas águas por meio da reação com o azul da Prússia – hexacianoferrato (II) de potássio. Também é o responsável pelo registro mais antigo relacionado ao teste de chama para diferenciar nitrato de sódio (chama amarela) e do nitrato de potássio (chama azulada).

## 1735-1784

T. O. Bergman descreveu e classificou detalhadamente reagentes e processos analíticos no seu livro *Opuscula physica et chimica*, considerada uma das obras mais importantes para a sistematização dos processos de separação.para a área. É considerado o responsável por fornecer a base para a introdução da análise sistemática.

## 1813

L.T. Thénard propôs uma série de testes aplicados para a identificação de gases liberados na análise de uma amostra desconhecida. Também desenvolveu o primeiro processo de separação sistemática em grupos da análise qualitativa.

## 1818-1897

C. R. Fresenius elaborou diversos processos de análise qualitativa que são a base dos esquemas de separações usados nos cursos de Química Analítica Qualitativa nos dias atuais.

## 1811-1899/1824-1887

R. Bunsen e G. Kirchoff propuseram um dos mais importantes métodos físicos da análise qualitativa por via seca, os testes de chama São testesconsiderados mais sensíveis que os métodos químicos por serem baseados na emissão de energia radiante causada por excitação eletrônica. Determinaram-se, assim, os espectros de diferentes compostos de sódio, potássio, lítio, estrôncio, cálcio e bário em diversas temperaturas e tipos de chamas, utilizando espectroscopia visual.

## 1834-1915

H. Schiff desenvolveu um teste de gota (microanálise) no qual utilizava papel de filtro impregnado com carbonato de prata para detectar ureia ocorrendo a formação de uma mancha marrom de prata metálica.

## 1851-1916

H. P. Trey demonstrou a possibilidade de se separar cobre de cádmio por meio de uma tira de papel de filtro umedecida com solução amoniacal.

## 1875-1971

F. Feigl introduziu a análise de toque denominada "spot tests", em que são utilizadas uma ou algumas gotas de solução de análise em papel de filtro. Com isso, os testes ficam mais rápidos, econômicos, sensíveis e seletivos.

# A química analítica

A Química Analítica consiste de duas grandes divisões: análise qualitativa e análise quantitativa. Os procedimentos de laboratório da Química Analítica Qualitativa permitem identificar os constituintes presentes em uma substância e determinar as suas quantidades aproximadas, ao passo que na Química Analítica Quantitativa determinam-se as quantidades exatas dos componentes presentes em uma determinada amostra material. Uma análise completa de uma amostra inclui necessariamente a sua determinação qualitativa e quantitativa. Entretanto, a análise qualitativa deve preceder a análise quantitativa, uma vez que a primeira serve de base para selecionar o método quantitativo adequado para a segunda.

As reações químicas da análise qualitativa são efetuadas, geralmente, em solução aquosa de natureza invariavelmente iônica. Consequentemente, se uma substância como nitrato de prata é sujeita a uma análise qualitativa, os ensaios analíticos identificaram o cátion prata e o ânion nitrato.

Métodos instrumentais cromatográficos e espectroscópicos vêm substituindo, há muito tempo, os processos clássicos de análise qualitativa. No entanto, o conhecimento de Química Analítica Qualitativa é um importante instrumento didático para reforçar, não só os conteúdos de Química Inorgânica, mas também as importantes técnicas de laboratório, de maneira a desenvolver um maior grau de confiança do estudante neste tipo de atividade.

# Escala de trabalho em química analítica qualitativa

A análise qualitativa experimental inclui os processos de laboratório necessários para a identificação dos componentes de sistemas materiais por métodos sistemáticos. Várias técnicas são empregadas na análise qualitativa. Frequentemente, a escolha por uma técnica ou um método depende do tamanho da amostra a ser analisada. A relação entre os métodos de análise e o tamanho das amostras são indicados no quadro a seguir.

| Relação entre métodos e tamanho das amostras | |
|---|---|
| Macroanálise | Amostras relativamente grandes são utilizadas com massas de soluto maiores que 100 mg e volumes maiores que 5 mL. |
| Semimicroanálise | Corresponde a amostras relativamente pequenas, situando-se entre a macro e a microanálise. As amostras situam-se no intervalo de porção de 10 mg a 100 mg e o volume das soluções entre gotas a 5 mL. |
| Microanálise | É o oposto da macroanálise. Utilizam-se gotas de solução contendo frações de material a ser analisado na faixa de 1 a 10 mg. Geralmente as reações são efetuadas em lâminas de vidro e observadas ao microscópio. |
| Ultramicroanálise | A escala de trabalho é muito pequena utilizando-se massas de amostras inferiores a 1mg e volumes de soluções da ordem de microlitros, $\mu L$. |

Até 1940, os macrométodos eram comumente empregados em análise qualitativa. Esses métodos utilizam grandes quantidades de amostras e volumes, resultando em tediosas filtrações e outras manipulações consumidoras de tempo. Por outro lado, os micrométodos requerem técnicas especiais e aparatos diminutos, que são inadequados para quem inicia a análise qualitativa.

Processos de semimicroanálise combinam as vantagens dos métodos macro e micro e evitam as desvantagens de ambos. A semimicroanálise lida com quantidades de material (geralmente de gotas a 5 mL) que constituem menos de um décimo dasquantidades manuseadas em macroanálise. A técnica semimicro necessita consideravelmente menos tempo do que o empregado nas operações de macroanálise, não requerendo os aparatos especializados da microanálise.

Outras das vantagens do uso da escala semimicro são:

- Consumo reduzido de amostra (economia de reagentes)
- Tempo reduzido de análise
- Geração do agente precipitante, íon sulfeto, obtido pela hidrólise a quente da tioacetamida com menor impacto ambiental
- Racionalização do espaço físico no laboratório
- Maior eficiência de separação, com a utilização da centrífuga
- Treinamento na manipulação de pequenas quantidades de material
- Produção reduzida de resíduos químicos

# Capítulo 1

# Conceitos básicos

Neste capítulo, apresentamos os principais fundamentos relacionados ao estudo da Química Analítica, como equilíbrio químico e equilíbrios iônicos. Diferenciar e compreender esses conceitos é essencial para um perfeito entendimento da análise qualitativa.

## Equilíbrio químico

O equilíbrio químico ou estado de equilíbrio é um tema recorrente em Química Analítica. Isso porque diversos fenômenos químicos, como processos naturais (ciclo da água e chuva ácida), biológicos (transporte de oxigênio pela hemoglobina), industriais (síntese da amônia) e laboratoriais (equilíbrios em meio aquoso: ácido-base, precipitação, complexação e oxidação-redução), estão intimamente associados a essa condição.

O **estado de equilíbrio químico** de uma reação química corresponde a um ponto em que não existe mais a tendência de mudar a composição da mistura reacional, isto é, quando as **concentrações ou pressões parciais dos reagentes e produtos permanecem constantes ou inalteradas**. Em outras palavras, esse estado pode ser considerado o ponto máximo de conversão de reagentes em produtos que uma determinada reação química pode atingir.

O reconhecimento do estado de equilíbrio está diretamente ligado à constatação de uma **reversibilidade reacional**. No equilíbrio macroscópico, nada muda aos olhos do observador, porém, em nível microscópico, reagentes se transformam em produtos e produtos em reagentes. Tudo isso ocorre em taxas constantes, caracterizando o estado de reversibilidade.

### Abordagem histórica

Em 1798, o químico francês Claude-Louis Berthollet fez as primeiras observações casuais sobre a reversibilidade das reações químicas enquanto participava de uma expedição de Napoleão Bonaparte ao Egito. Todas as reações químicas conhecidas até então eram consideradas irreversíveis. Berthollet constatou, nas margens de lagos salgados egípcios, a formação de um depósito de carbonato de sódio ($Na_2CO_3$) decorrente de elevadas concentrações de NaCl e $CaCO_3$. O fenômeno, de ocorrência natural, depunha contra ao que até então se conhecia sobre a teoria das afinidades químicas ou afinidades eletivas entre as substâncias, vigente na época. A reação que ele observou no lago era inversa à conhecida em laboratório, a qual se imaginava ser uma reação irreversível.

$$\text{No lago: } 2NaCl + CaCO_3 \rightarrow Na_2CO_3 + CaCl_2$$

$$\text{No laboratório: } Na_2CO_3 + CaCl_2 \rightarrow 2NaCl + CaCO_3$$

Em 1803, Berthollet publicou os seus estudos no livro *Essai de Statique Chimique*, onde considerou que as quantidades relativas das substâncias reagentes, as afinidades intrínsecas das substâncias e as condições reacionais envolvidas devem exercer grande influência no desenrolar das reações químicas, determinando, portanto, o caminho da reação.

Em 1864, os químicos noruegueses Cato Maximilian Guldberg e Peter Waage propuseram um princípio geral aplicável a todos os sistemas em equilíbrio químico, enunciando a **Lei de Ação de Massas** a partir das massas ativas ou concentrações molares das espécies químicas em solução. Com base nos trabalhos de Pierre Eugène Marcelin Berthelot e Péan de Saint-Gilles e em estudos experimentais particulares e de outros pesquisadores envolvendo a reação entre ácido acético e álcool etílico, determinaram as concentrações de equilíbrio de reagentes e produtos em um sistema reacional partindo de diferentes concentrações iniciais. Em 1879, propuseram uma equação matemática semelhante à equação atual da constante de equilíbrio, em que os expoentes são os coeficientes estequiométricos da equação química.

Em 1884, com base nos estudos de Van't Hoff e G. Lippmann, Henry Louis Le Chatelier publicou o primeiro artigo relacionado ao Princípio de Le Chatelier, também denominado Princípio de Le Chatelier-Braun. Em 1888, com base em dados experimentais, publicou a versão final do princípio, demonstrando que, quando se provoca uma perturbação em um sistema em equilíbrio (variação da concentração, temperatura e/ou pressão), o mesmo desloca-se no sentido de contrapor essa variação, até atingir um novo estado de equilíbrio.

> Segundo o Princípio de Le Chatelier, o equilíbrio de um sistema reacional desloca-se no sentido de anular os efeitos de uma perturbação externa a que é submetido.

### Características do equilíbrio químico

O estudo do equilíbrio químico geralmente é abordado a partir de considerações cinéticas, porém a natureza da constante de equilíbrio é **termodinâmica**. Assim, pode ser demonstrado que o estado ou a **condição de equilíbrio** de um sistema reacional contendo reagentes e produtos, sob pressão e temperatura constantes, **é alcançada somente quando a energia livre de Gibbs ou energia útil atinge um valor mínimo**.

> A energia livre de Gibbs é a quantidade de energia que o sistema pode disponibilizar para a realização de trabalho útil (mecânico ou elétrico) sob pressão e temperatura constantes.

Todos os equilíbrios químicos são dinâmicos e podem ser explicados como **resultado de duas reações opostas que ocorrem de forma simultânea** com a mesma velocidade. A velocidade com que a reação ocorre no sentido direto (formação dos produtos) é exatamente igual à velocidade com que a reação ocorre no sentido inverso (regeneração dos reagentes). Do ponto de vista macroscópico, não é observada qualquer alteração visível no sistema quando a reação atinge o equilíbrio. Do ponto de vista microscópico, ocorre uma contínua transformação de reagentes em produtos e de produtos em reagentes, constituindo assim uma condição de reversibilidade reacional.

Do ponto de vista termodinâmico, quando um sistema reacional que contém reagentes e produtos atinge a condição de equilíbrio, a sua energia também atinge um estado mínimo, conforme a Figura 1.1. A tendência de todos os processos espontâneos que ocorrem sob pressões e temperaturas constantes é a de atingir esse **mínimo de energia ou um estado mais baixo de energia livre**. Nessa condição, a composição química do sistema apresentará menor energia livre do que os reagentes ou produtos puros, constituindo-se, portanto, em um critério de viabilidade para qualquer sistema reacional. Para uma reação química em condição de equilíbrio, a constante de equilíbrio depende somente da temperatura e da estequiometria de cada tipo de reação – e independe das concentrações (no caso da constante de equilíbrio $K_c$) ou das pressões parciais (no caso da $K_p$) de reagentes e produtos. Nesse caso, as concentrações ou pressões parciais podem assumir infinitos valores, desde que a relação entre eles satisfaça o valor da constante.

Para qualquer sistema reacional em equilíbrio químico, duas condições termodinâmicas devem ser satisfeitas: a condição de mínimo de energia e a de máxima

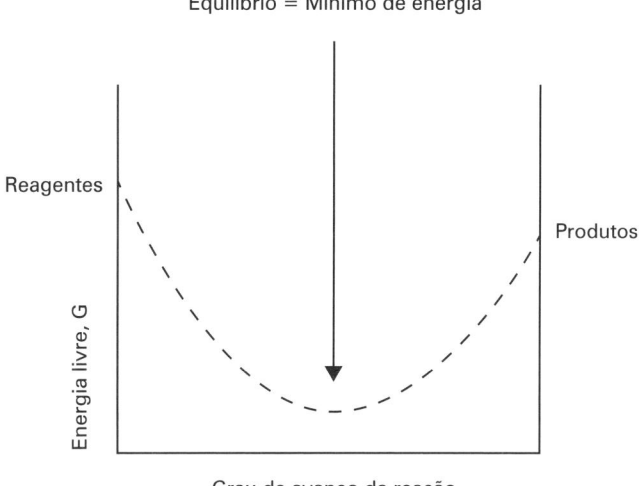

**FIGURA 1.1** Energia livre do sistema versus grau de avanço da reação.

entropia. Essas condições podem ser evidenciadas na **equação da energia livre de Gibbs**:

$$\Delta G = \Delta H - T\Delta S$$

$\Delta G$ = variação de energia livre de Gibbs
$\Delta H$ = variação de entalpia
$\Delta S$ = variação de entropia
$T$ = temperatura absoluta

sendo que o termo $T\Delta S$ representa a parte da energia que não é aproveitada na reação química, e $\Delta G$ representa a energia que pode ser convertida em trabalho útil ($W_{útil}$).

A constante de equilíbrio pode ser deduzida a partir de considerações termodinâmicas, conhecendo-se a variação da energia livre de Gibbs ($\Delta G$) para uma reação sob pressão e temperatura constantes.

Considerando uma reação genérica,

$$aA + bB \rightleftharpoons cD + dD$$

a variação de energia livre do sistema é dada por

$$\Delta G = \Delta G^0 + RT \ln \frac{[C]^c [D]^d}{[A]^a [B]^b}$$

onde:

$\Delta G^0$ é a variação de energia livre em condições padrão, isto é, quando todas as concentrações são unitárias

$\dfrac{[C]^c [D]^d}{[A]^a [B]^b} = Q_c$, onde $Q_c$ é o quociente arbitrário das concentrações.

Na condição de equilíbrio, $\Delta G = 0$, a equação torna-se

$$0 = \Delta G^0 + RT \ln Q_c$$

e o quociente arbitrário das concentrações passa a se chamar de **constante de equilíbrio**, $K_c$, ou seja, o quociente das concentrações de equilíbrio.

A equação torna-se:

$$\Delta G^0 = -RT \ln K_c$$

$$\ln K_c = -\Delta G^0 / RT \quad \text{ou} \quad K_c = e^{-\Delta G^0/RT}$$

A equação indica que é possível calcular a constante de equilíbrio para qualquer reação química a partir do conhecimento de $\Delta G^0$, a uma dada temperatura. Também infere-se da equação que, para uma dada temperatura, pode existir um número infinito de conjuntos de concentrações ou de pressões parciais de produtos e reagentes que podem satisfazer ao valor de $K_c$ ou $K_p$.

Um ponto essencial para o estudo do equilíbrio químico é o reconhecimento das condições de reversibilidade e irreversibilidade de uma reação química.

Um processo é considerado reversível quando é possível controlá-lo, efetuando-se pequenas variações infinitesimais nas funções de estado que definem o sistema reacional. Ao contrário, um processo é considerado irreversível quando requer massivas variações das funções de estado que caracterizam o sistema, definindo a orientação ou o caminho da reação – se de reagentes para produtos ou de produtos para reagentes. Funções de estado são propriedades características do sistema reacional. Essas propriedades dependem apenas do estado momentâneo do sistema, e não de sua história prévia (temperatura, pressão, volume, energia interna, entalpia, entropia e energia livre).

Sistemas abertos não constituem um bom exemplo de reversibilidade porque pode ocorrer perda de um reagente ou produto e, por conseguinte, a massa reacional não será constante. Portanto, o controle das condições internas e externas do processo define a orientação qualitativa e quantitativa da massa reacional. Tanto a reversibilidade como a irreversibilidade são condições, e não características do sistema reacional. Assim, para um mesmo processo reacional, uma determinada condição (como temperatura ou pressão) pode favorecer a reversibilidade, e outra condição pode favorecer a irreversibilidade. Por exemplo, a zero grau e uma atmosfera, a água no estado sólido ($H_2O_{(s)}$ – gelo) e a água no estado líquido ($H_2O_{(l)}$) podem coexistir em um sistema fechado. Nessas condições, tanto o $H_2O_{(s)}$ como $H_2O_{(l)}$ são igualmente prováveis, e é possível controlar o sentido da reação efetuando pequenas variações na temperatura ou pressão. Assim, se houver um decréscimo infinitesimal da temperatura, a forma de água no estado sólido (gelo) é favorecida. Ao contrário, um aumento infinitesimal da temperatura favorece a forma da água no estado líquido. Nessas condições, gelo e água líquida continuam na condição de reversibilidade. No entanto, se um cubo de gelo é colocado em sistema fechado a 20°C e uma atmosfera, a conversão em água líquida é irreversível, pois não há como inverter o processo através de pequenas variações de pressão e de temperatura.

As reações químicas ocorrem porque a massa reacional dos reagentes apresenta um conteúdo energético muito elevado, caracterizando a instabilidade do sistema inicial. Ao longo do processo, esses reagentes interagem de maneira que as substâncias formadas diminuem o conteúdo energético do sistema até atingir um ponto de mínima energia, cuja composição da massa reacional corresponde ao estado de equilíbrio. Nesse momento a reação química em ambos os sentidos é igualmente **viável**.

O grau de conversão de reagentes em produtos em uma reação química não está necessariamente vinculado ao caráter reversível ou irreversível, mas à energia livre dos reagentes e produtos e às condições externas. Quanto mais negativa for a variação de energia livre de uma reação ($\Delta G$), maior será o grau de conversão de reagentes em produtos, isto é, mais completa será a reação.

As reações utilizadas em Química Analítica devem atingir o equilíbrio, ou seja, a condição ou o estado de reversibilidade com grande conversão de reagentes em produtos – acima de 99,9% de conversão. Na análise qualitativa, é usual otimizar a precipitação ou a dissolução de determinada substância pela adição de um excesso de agente precipitante ou solubilizante, dependendo da espécie química de interesse. A maior conversão de reagentes em produtos é garantida pela presença de excesso de um dos reagentes, conforme estabelecido pelo Princípio de Le Chatelier. Por exemplo, o uso de excesso de $NH_3$ 3,0 mol/L assegura a maior solubilização possível de AgCl sólido na reação $AgCl_{(s)} + 2\ NH_{3(aq)} \rightleftharpoons Ag(NH_3)_2^+{}_{(aq)} + Cl^-{}_{(aq)}$.

> O equilíbrio químico em sistemas nos quais ocorrem reações de transferência de elétrons entre espécies químicas é conhecido como equilíbrio de oxidação--redução ou redox.

Para uma reação química espontânea ($\Delta G < 0$) que ocorre em uma pilha, célula galvânica ou reação redox (vide pág. 11), sob pressão e temperatura constantes, a energia elétrica máxima ou o trabalho teórico máximo ou útil produzido pelo processo é igual, em valor absoluto, à energia livre de Gibbs ($\Delta G = -W_{elétrico}$). Como o trabalho elétrico máximo ($W_{elétrico}$ ou $W_{útil}$) que pode ser realizado pela pilha é igual ao produto da tensão ou força eletromotriz (f.e.m.), representada por ε, pela carga q (quantidade de eletricidade), tem-se:

$$W = \varepsilon \cdot q$$

Para o caso geral de uma reação de pilha envolvendo transferência de $n$ moles de elétrons, tem-se que:

$$q = n\,F$$

No que resulta:

$$\Delta G = -W_{útil} = -n\,F\,\varepsilon$$

onde:

$\Delta G$ = variação energia livre (em joules)
$n$ = número de elétrons envolvidos na reação redox
F = constante de Faraday = 96487 C/mol
ε = força eletromotriz da reação redox (em Volts)

Substituindo o valor de $\Delta G$ e $\Delta G^0$ na expressão $\Delta G = \Delta G^0 + RT \ln Q_c$ obtém-se:

$$-n\,F\,\varepsilon = -n\,F\,\varepsilon^0 + RT \ln Q_c$$

Dividindo esse resultado por $-nF$, temos a equação de Nernst:

$$\varepsilon = \varepsilon^0 - \frac{RT}{nF} \ln Q_c$$

Considerando-se uma temperatura de 25°C e convertendo-se o logaritmo natural em logaritmo decimal pela relação $\ln x = 2{,}303 \log x$, obtém-se:

$$\varepsilon = \varepsilon^0 - \frac{2{,}303\,RT}{nF} \log Q_c$$

ou

$$\varepsilon = \varepsilon^0 - \frac{0{,}05916}{n} \log Q_c$$

Quando a reação redox se encontra em uma condição de equilíbrio, isto é, em uma condição de reversiblidade em que a reação não apresenta sentido preferencial de ocorrência, $\Delta G = 0$ e a equação de Nernst fica igual a:

$$0 = \varepsilon^0 - \frac{RT}{nF} \ln Q_c$$

Como no equilíbrio $Q = K$, temos:

$$\varepsilon^0 = \frac{RT}{nF} \ln K$$

Considerando-se uma temperatura de 25°C e convertendo-se o logaritmo natural em logaritmo decimal pela relação $\ln x = 2{,}303 \log x$, obtém-se:

$$\varepsilon^0 = \frac{0{,}05916}{n} \log K$$

ou

$$K = e^{n\varepsilon^0/0{,}05916}$$

Isso permite relacionar a f.e.m. padrão ($\varepsilon^0$) com a constante de equilíbrio, $K$, para uma reação redox de uma célula galvânica.

A Tabela 1.1 estabelece a relação entre os sinais algébricos de $\Delta G$ e $\varepsilon$ com a viabilidade de uma reação redox.

**TABELA 1.1** Relação entre os sinais algébricos da energia livre e da diferença de potencial com a viabilidade de uma reação redox

| Reação | $\Delta G$ | $\varepsilon$ |
|---|---|---|
| Viável | − | + |
| Equilíbrio | 0 | 0 |
| Pouco viável | + | − |

## Tipos de reações químicas

Todas as reações químicas são descritas por uma equação química. As reações químicas são classificadas em dois tipos gerais: reações redox, nas quais ocorrem mudanças no estado de oxidação dos componentes do sistema reacional e reações não redox em que não ocorre mudança de estado de oxidação em algum elemento e/ou substância do sistema reacional. Ambos os tipos de reações são comuns na Análise Qualitativa.

### Reações redox

São reações químicas em que ocorre mudança no número de oxidação das substâncias reagentes devido à transferência de elétrons. A oxidação é definida como a perda de elétrons, e a redução, como um ganho de elétrons. Agente oxidante é toda espécie química que pode ganhar elétrons diminuindo o seu estado de oxidação; agente redutor é toda espécie química que pode doar elétrons aumentando o seu estado de oxidação. Nas reações redox, os processos de oxidação e redução ocorrem simultaneamente, envolvendo a transferência de elétrons entre um agente redutor (doador de elétrons) e um agente oxidante (receptor de elétrons).

$$Sn^{4+}_{(aq)} + Mg_{(s)} \rightarrow Sn^{2+}_{(aq)} + Mg^{2+}_{(aq)}$$

$$2\,Sb^{3+}_{(aq)} + 3\,Mg_{(s)} \rightarrow 2\,Sb_{(s)} + 3\,Mg^{2+}_{(aq)}$$

## Reações não redox

As reações não redox são aquelas em que não ocorre transferência de elétrons entre as espécies envolvidas.

**Reações com liberação de gás** Soluções contendo sulfeto, $S^{2-}$, e carbonatos, $CO_3^{2-}$, reagem prontamente com ácidos fortes ocorrendo liberação de gases, cuja remoção é a força motora da reação.

$$S^{2-}_{(aq)} + 2\,H^+_{(aq)} \rightarrow H_2S_{(g)}$$

$$CO_3^{2-}{}_{(aq)} + 2\,H^+_{(aq)} \rightarrow CO_{2(g)} + H_2O$$

**Reações com formação de precipitados** Sais insolúveis são formados quando seus componentes são colocados em uma solução aquosa e, nesse meio aquoso, há remoção dos íons diretamente envolvidos na reação de precipitação.

$$Ag^+_{(aq)} + Br^-_{(aq)} \rightarrow AgBr_{(s)}$$

$$Cu^{2+}_{(aq)} + S^{2-}_{(aq)} \rightarrow CuS_{(s)}$$

$$Mn^{2+}_{(aq)} + S^{2-}_{(aq)} \rightarrow MnS_{(s)}$$

**Formação de substâncias fracamente ionizadas** Reação entre soluções de ácidos e hidróxidos solúveis promovem a remoção dos íons da solução a partir da formação de água. Outros produtos fracamente ionizados podem ser formados, tais como ácidos fracos, bases fracas e íons complexos.

$$CN^-_{(aq)} + H_2O \rightarrow HCN_{(aq)} + OH^-_{(aq)}$$

$$OH^-_{(aq)} + NH_4^+{}_{(aq)} \rightarrow NH_{3(aq)} + H_2O$$

$$Cu(OH)_{2(s)} + 4\,NH_{3(aq)} \rightarrow [Cu(NH_3)_4]^{2+}_{(aq)}$$

# Tipos de equilíbrios químicos

Os equilíbrios químicos são classificados em dois tipos: equilíbrios homogêneos, nos quais todas as substâncias envolvidas no sistema reacional estão no mesmo estado físico (gás, líquido ou solução e sólido) ou equilíbrios heterogêneos, nos quais nem todos os materiais envolvidos no sistema reacional se encontram no mesmo estado físico. Os princípios do equilíbrio químico são amplamente aplicados na Análise Qualitativa, tanto nos sistemas homogêneos quanto nos heterogêneos.

De uma forma geral, um sistema em equilíbrio químico pode ser expresso pela seguinte equação química genérica:

$$aA + bB \rightleftharpoons cC + dD$$

cuja constante de equilíbrio é expressa pela relação matemática

$$K = \frac{[C]^c \, [D]^d}{[A]^a \, [B]^b}$$

onde:

$K$ é a constante de equilíbrio e apresenta valor numérico característico para cada reação, dependendo somente da temperatura e da força iônica do meio reacional
[A], [B], [C] e [D] são as concentrações de equilíbrio em mols por litro ou pressões parciais em atmosferas para o caso de sistemas gasosos
a, b, c, d são os coeficientes estequiométricos da equação balanceada

Se a espécie é um sólido puro, líquido puro ou solvente de uma solução diluída, sua concentração apresenta valor constante, que, para efeito de simplificação, é considerado unitário e não aparece na expressão de $K$.

## Características da constante de equilíbrio

Se o valor de $K$ para uma reação química é elevado, indica que o sistema em equilíbrio está deslocado em grande extensão, no sentido de formação dos produtos, e tende a produzir altas concentrações (quantidades) de produtos em relação aos reagentes. Por outro lado, um valor baixo de $K$ indica que a reação, para formar os produtos, ocorre em baixa extensão.

Em um sistema em equilíbrio, as reações direta e inversa se relacionam matematicamente por:

$$K_{dir} = 1/K_{inv}$$

Por exemplo:

$$Cd^{2+}_{(aq)} + 4\,NH_3 \rightleftharpoons Cd(NH_3)_4^{2+}_{(aq)}$$

$$K_{est} = 4{,}6 \times 10^{-14}$$

$$K_{inst} = 1/K_{est} = 1/4{,}6 \times 10^{-14} = 2{,}17 \times 10^{13}$$

onde:

$K_{inst}$ = constante de instabilidade
$K_{est}$ = constante de estabilidade

Em um sistema envolvendo um equilíbrio múltiplo, consistindo de várias reações individuais que podem ser somadas, o valor da constante de equilíbrio para a reação global corresponde ao produto das constantes de equilíbrio das reações individuais elevadas a expoentes que correspondem aos coeficientes multiplicativos das equações para o devido acerto estequiométrico.

### EXEMPLO 1

Calcular o valor da constante de equilíbrio da reação

$$Al(OH)_{3(s)} + 3\ H^+_{(aq)} \rightleftharpoons Al^{3+}_{(aq)} + 3\ H_2O$$

Os equilíbrios iônicos envolvidos são:

(1) $Al(OH)_{3(s)} \rightleftharpoons Al^{3+}_{(aq)} + 3\ OH^-_{(aq)}$    $K_{PS} = 2,0 \times 10^{-32}$

(2) $H_2O \rightleftharpoons H^+_{(aq)} + OH^-_{(aq)}$    $K_w = 1,0 \times 10^{-14}$

De maneira a obter a equação acima, a equação (1) deve ser somada à equação (2) invertida e multiplicada por 3, conforme a seguir:

$Al(OH)_{3(s)} \rightleftharpoons Al^{3+}_{(aq)} + 3\ \cancel{OH^-}_{(aq)}$    $K_{PS} = 2,0 \times 10^{-32}$

$3\ H^+_{(aq)} + 3\ \cancel{OH^-}_{(aq)} \rightleftharpoons 3\ H_2O$    $(1/K_w)^3 = 1,0 \times 10^{42}$

$\overline{Al(OH)_{3(s)} + 3\ H^+_{(aq)} \rightleftharpoons Al^{3+}_{(aq)} + 3\ H_2O \quad K_{dissolução} = 2,0 \times 10^{10}}$

## Equilíbrios iônicos

Os equilíbrios iônicos são os estudos dos equilíbrios químicos envolvendo os íons em solução. De modo geral, podem ser classificados em equilíbrios de solubilidade, ácido-base, de complexação e de oxidação-redução ou redox.

### Equilíbrios de solubilidade

O equilíbrio iônico de solubilidade envolve um equilíbrio iônico heterogêneo entre íons em solução (fase líquida) em equilíbrio com a fase sólida.

Genericamente:

$$M_xA_{y(s)} \rightleftharpoons x\ M^{Y+}_{(aq)} + y\ A^{x-}_{(aq)}$$

A uma temperatura constante, o equilíbrio é regido por uma constante igual a

$$K = [M^{Y+}]^x \cdot [A^{x-}]^y / [M_xA_y]$$

Considerando que a concentração da fase sólida é constante, por convenção, tem-se que:

$$K \cdot [M_xA_y] = K_{PS} = [M^{Y+}]^x \cdot [A^{x-}]^y$$

Conclui-se que o produto das concentrações dos íons em fase aquosa a uma temperatura constante apresenta um valor constante denominado constante do produto de solubilidade ou simplesmente de produto de solubilidade, simbolicamente representado por $K_{PS}$. Em outras palavras, a constante do produto de solubilidade ($K_{PS}$) é o produto iônico do estado de equilíbrio, que, nesse caso, corresponde à solução saturada.

No meio aquoso, o produto iônico do sistema para um sistema heterogêneo em equilíbrio pode ser representado por:

$$Q_{PS} = [M^{Y+}]^x \cdot [A^{x-}]^y$$

Conforme as condições do sistema, o $Q_{PS}$ pode assumir os seguintes valores:

$Q_{PS} < K_{PS}$ (solução insaturada ou dissolução)

$Q_{PS} = K_{PS}$ (solução saturada sem precipitado)

$Q_{PS} < K_{PS}$ (solução supersaturada que promove a precipitação até que o $Q_{PS}$ se iguale ao $K_{PS}$)

As principais aplicações da constante do produto de solubilidade estão relacionadas com:

- **A precipitação de compostos ou sais pouco solúveis** O conhecimento do valor da constante do produto de solubilidade possibilita predizer se ocorre a precipitação de um composto pouco solúvel a partir da mistura de sais solúveis.

- **A precipitação fracionada** É o processo que possibilita precipitar e separar um ou mais íons, ou um grupo de íons, a partir de uma mistura complexa contendo outros íons, ou grupos de íons, em solução aquosa, utilizando o mesmo reagente precipitante em diferentes concentrações. Na análise qualitativa, é comum a precipitação e a separação dos Grupos II e III de cátions metálicos, ajustando-se a concentração do íon sulfeto no meio reacional através do controle do pH. O processo de precipitação fracionada se baseia na diferença das constantes do produto de solubilidade dos diferentes sais pouco solúveis.

- **Os equilíbrios simultâneos** O produto de solubilidade também pode ser aplicado em sistemas complexos constituídos de diferentes equilíbrios competitivos cujas reações químicas individuais são regidas por suas correspondentes constantes de equilíbrio. A reação global final é regida por uma constante que dependerá da magnitude das constantes de equilíbrio individuais.

O produto de solubilidade de uma substância ou de um sal em solução aquosa pode ser calculado a partir da sua solubilidade, e vice-versa.

### EXEMPLO 2

Calcular a solubilidade molar do AgCl, cuja constante do produto de solubilidade é igual a $1,8 \times 10^{-10}$.

Deve-se levar em consideração a equação do equilíbrio de solubilidade que se estabelece para o sal pouco solúvel. Neste exemplo, a relação matemática entre a solubilidade do sal e as concentrações do cátion e do ânion é unitária e representada por s:

$$AgCl_{(s)} \rightleftharpoons Ag^+_{(aq)} + Cl^-_{(aq)}$$
$$\phantom{AgCl_{(s)} \rightleftharpoons } s \qquad s$$

$$K_{PS} = [Ag^+][Cl^-] = s \times s = s^2 = (1,8 \times 10^{-10})^2$$

portanto, s = $1,3 \times 10^{-5}$ mol/L

### EXEMPLO 3

Calcular a constante do produto de solubilidade do $PbCl_2$ dada a solubilidade molar igual a $1{,}59 \times 10^{-2}$ mol/L.

Deve-se levar em consideração a equação do equilíbrio de solubilidade que se estabelece para o sal pouco solúvel. É importante observar que, neste caso, apenas a relação entre a solubilidade do sal e a concentração do cátion é unitária:

$$PbCl_{2(s)} \rightleftharpoons Pb^{2+}_{(aq)} + 2\,Cl^-_{(aq)}$$
$$\phantom{PbCl_{2(s)} \rightleftharpoons\ }s \qquad\ \ 2s$$

$$K_{PS} = [Pb^{2+}][Cl^-]^2 = s \times (2s)^2 = 4s^3 = 4(1{,}59 \times 10^{-2})^3$$

$$K_{PS} = 1{,}61 \times 10^{-5} \text{ mol/L}$$

## Equilíbrios ácido-base

O equilíbrio iônico ácido-base é o estudo do equilíbrio químico em sistemas que envolvem a presença de ácidos e bases e as reações entre eles. A caracterização dos ácidos e bases é fundamental para o tipo de abordagem que se adota. Os conceitos de ácido e base mais importantes para aplicação em Química Analítica Qualitativa são

- **Conceito de Arrhenius** (Svante Arrhenius – 1887)

  Ácido é toda substância que produz íons hidrogênio ($H^+$) em solução aquosa.
  Base é toda substância que produz íons hidróxido ($OH^-$) em solução aquosa.
  Exemplos:

  $$HCl_{(aq)} \rightarrow H^+_{(aq)} + Cl^-_{(aq)} \quad \text{(ácido)}$$
  $$CH_3COOH_{(aq)} \rightleftharpoons H^+_{(aq)} + CH_3COO^-_{(aq)} \quad \text{(ácido)}$$
  $$NaOH_{(s)} \rightarrow Na^+_{(aq)} + OH^-_{(aq)} \quad \text{(base)}$$
  $$Ca(OH)_{2(s)} \rightarrow Ca^{2+}_{(aq)} + 2\,OH^-_{(aq)} \quad \text{(base)}$$

  Como pode-se observar, o conceito de Arrhenius refere-se apenas ao comportamento das substâncias em soluções aquosas.

- **Conceito de Brönsted-Lowry** (Johannes Brönsted e Thomas Lowry – 1923)

  Ácido é toda substância capaz de doar prótons.
  Base é toda substância capaz de ganhar ou receber prótons.
  O conceito de ácido e de base de Brönsted-Lowry é abrangente e muito útil no estudo dos equilíbrios iônicos em meio aquoso. De modo geral é expresso pela seguinte equação:

  $$\text{ácido} \rightleftharpoons \text{base} + H^+$$

onde o ácido e a sua base correspondente são ditos formar um par conjugado.

Exemplos de pares conjugados ácido-base de acordo com as reações abaixo: HCl e Cl$^-$; NH$_4^+$ e NH$_3$; HCO$_3^-$ e CO$_3^{2-}$; CH$_3$COOH e CH$_3$COO$^-$; H$_3$O$^+$ e H$_2$O; H$_2$O e OH$^-$ (ver Tabela 1.2).

Exemplos de reações ácido-base de Brönsted-Lowry :

$$HCl_{(aq)} + H_2O \rightarrow H_3O^+_{(aq)} + Cl^-_{(aq)}$$

$$NH_3 + H_2O \rightleftharpoons NH_4^+_{(aq)} + OH^-_{(aq)}$$

$$CO_3^{2-}{}_{(aq)} + H_2O \rightleftharpoons HCO_3^-{}_{(aq)} + OH^-_{(aq)}$$

$$CH_3COOH_{(aq)} + OH^-_{(aq)} \rightleftharpoons H_2O + CH_3COO^-_{(aq)}$$

$$NH_4^+{}_{(aq)} + CH_3COO^-_{(aq)} \rightleftharpoons CH_3COOH_{(aq)} + NH_3$$

A água se caracteriza por ter um caráter anfiprótico, atuando como ácido ou como base de Brönsted-Lowry conforme expresso pela equação:

$$H_2O + H_2O \rightleftharpoons H_3O^+ + OH^-$$

O produto das constantes de equilíbrio dos componentes do par conjugado ácido-base é igual ao produto iônico da água ($K_w = 1,00 \times 10^{-14}$). Assim, o $K_b$ da amônia é $1,76 \times 10^{-5}$ e, consequentemente, o $K_a$ do amônio (NH$_4^+$) é $5,68 \times 10^{-10}$. Da mesma maneira, o $K_a$ do HCO$_3^-$ é $4,69 \times 10^{-11}$ e o $K_b$ do CO$_3^{2-}$ é $2,13 \times 10^{-4}$.

**TABELA 1.2** Tabela de pares conjugados ácido-base

|  | Ácido conjugado | Base conjugada |  |
|---|---|---|---|
| Forte | HClO$_4$ | ClO$_4^-$ | Fraca |
| ↑ | HCl | Cl$^-$ |  |
|  | HNO$_3$ | NO$_3^-$ |  |
|  | H$_3$O$^+$ | H$_2$O |  |
|  | H$_2$SO$_3$ | HSO$_3^-$ |  |
|  | HSO$_4^-$ | SO$_4^{2-}$ |  |
|  | HF | F$^-$ |  |
|  | CH$_3$COOH | CH$_3$COO$^-$ |  |
|  | H$_2$S | HS$^-$ |  |
|  | HSO$_3^-$ | SO$_3^{2-}$ |  |
|  | H$_2$O | OH$^-$ | ↓ |
|  | HS$^-$ | S$^{2-}$ |  |
| Fraco | OH$^-$ | O$^{2-}$ | Forte |

- **Conceito de Lewis** (Gilbert Newton Lewis – 1923)

    Ácido é toda substância capaz de receber pares de elétrons.
    Base é a substância capaz de doar pares de elétrons.
    Exemplos:

    $$Cu^{2+}_{(aq)} + 4\,:NH_3 \rightleftharpoons Cu(NH_3)_4^{2+}{}_{(aq)}$$
    ácido      base

    $$AlCl_3 + :\ddot{C}l:^- \rightleftharpoons AlCl_4^-$$
    ácido   base

    $$:NH_3 + BH_3 \rightleftharpoons H_3N:BH_3$$
    base   ácido

O conceito de ácido e base de Lewis é muito abrangente e, na maioria das vezes, foge dos objetivos da Química Analítica Qualitativa, sendo mais utilizado nos mecanismos de reação da Química Orgânica e nos estudos de íons complexos.

É o equilíbrio químico envolvendo íons em solução contendo ácidos ou bases ou mesmo sais reagindo como ácidos ou bases.
Equilíbrio iônico em solução aquosa:

$$\text{Reação: } H_2O + H_2O \rightleftharpoons H_3O^+{}_{(aq)} + OH^-{}_{(aq)}$$

$$K = [H_3O^+][OH^-]/[H_2O]^2 \text{ ou}$$

$$K[H_2O]^2 = [H_3O^+][OH^-] = K_w$$

Portanto, $K_w = 1{,}0 \times 10^{-14}$ a 25°C,

onde $K_w$ é o produto iônico da água ou constante de ionização da água.

Características qualitativas do meio aquoso:
    Meio neutro: $[H_3O^+] = [OH^-]$
    Meio ácido: $[H_3O^+] > [OH^-]$
    Meio básico ou alcalino: $[H_3O^+] < [OH^-]$

Características quantitativas do meio aquoso:
    Em meio neutro: $[H_3O^+] = [OH^-]$, então $[H_3O^+]^2 = [OH^-]^2 = 1{,}0 \times 10^{-14}$
    Fica que, $[H_3O^+] = [OH^-] = 1{,}0 \times 10^{-7}$ mol/L

Portanto, a nova caracterização do meio aquoso fica:
    Meio neutro: $[H_3O^+] = [OH^-] = 1{,}0 \times 10^{-7}$ mol/L
    Meio ácido: $[H_3O^+] > 1{,}0 \times 10^{-7}$ mol/L ou $[OH^-] < 1{,}0 \times 10^{-7}$ mol/L
    Meio básico ou alcalino: $[H_3O^+] < 1{,}0 \times 10^{-7}$ mol/L ou
    $[OH^-] > 1{,}0 \times 10^{-7}$ mol/L

Em função da ordem de grandeza das concentrações dos íons hidrônio e hidroxila no meio aquoso, na maioria das vezes, é mais prático utilizar seus valores logarítmicos para caracterizar o meio aquoso. Essas expressões logarítmicas são denominadas pH e pOH.

$$pH = \log 1 / [H_3O^+] = \log 1 - \log [H_3O^+]$$

Como log 1 = 0, fica

$$pH = -\log [H_3O^+]$$

ou

$$\log [H_3O^+] = -pH$$

e, consequentemente, $[H_3O^+] = 10^{-pH}$.

$$pOH = \log 1 / [OH^-] = \log 1 - \log [OH^-]$$

Como

$$\log 1 = 0, \text{ fica } pOH = -\log [OH^-]$$

ou

$$\log [OH^-] = -pOH$$

e, consequentemente, $[OH^-] = 10^{-pOH}$.

Assim, logaritmando a expressão de $K_w$,

$$\log [H_3O^+] \cdot [OH^-] = \log 1,0 \times 10^{-14}$$

$$\log [H_3O^+] + \log [OH^-] = \log 1,0 + \log 10^{-14}$$

Como log 1,0 = 0

$$\log [H_3O^+] + \log [OH^-] = (-14) \times \log 10 \qquad \log 10 = 1$$

$$= (-14) \times 1$$

$$= -14$$

Multiplicando-se por $-1$, tem-se:

$$-\log [H_3O^+] - \log [OH^-] = 14 \text{ ou } pH + pOH = 14$$

Portanto, em meio neutro pH = pOH = 7,0

### Ácidos e bases fortes

São substâncias que apresentam constantes de ionização extremamente elevadas. Seu efeito é o aumento drástico da concentração de íons hidrônio, $H_3O^+$, no caso de ser um ácido forte, ou íons hidroxila, $OH^-$, no caso de ser uma base forte.

Esses compostos possuem reações tão completas que se encontram aproximadamente100% ionizados, tornando praticamente indetectável a concentração de ácido ou base forte na solução aquosa. Dessa forma, considera-se que as soluções aquosas de HCl ou NaOH não contêm quantidade mensurável de moléculas de ácidos ou bases fortes em equilíbrio na solução.

Os ácidos fortes mais comuns em meio aquoso são os ácidos inorgânicos, destacando-se HCl, HBr, HI, $H_2SO_4$, $HNO_3$ e $HClO_4$. As bases fortes são compostas por metais alcalinos e metais alcalino-terrosos, com exceção dos hidróxidos de berílio e de magnésio, uma vez que são pouco solúveis, formando bases fracas. As bases dos demais metais são consideradas fracas, sendo quase insolúveis.

As **constantes de ionização**, $K_a$ ou $K_b$, também denominadas constante ácida ou de acidez, no que se refere a um ácido, ou constante básica ou de basicidade, no que se refere a uma base, **são constantes de equilíbrio que exprimem o grau de ionização para um dado ácido ou base em uma reação de equilíbrio químico.**

O valor numérico dessas constantes de equilíbrio (ver Tabela 1.3) nos dá uma indicação da força de um ácido ou de uma base. Em outras palavras, esse valor fornece uma indicação da extensão da reação de ionização do ácido ou da base. Por exemplo, quanto maior o valor de $K_a$, maior a quantidade de íons $H^+$ liberados na solução, e, como consequência, mais forte é o ácido. O mesmo raciocínio é válido para as bases, sejam elas fortes ou fracas.

Assim, ácidos ou bases com valores de $pK_a$ ($-\log K_a$) ou $pK_b$ ($-\log K_b$) menores que aproximadamente 1,74, são considerados ácidos fortes ou bases fortes. Valores de $pK_a$ para ácidos fortes e bases fortes podem, entretanto, ser estimados por meios teóricos ou por extrapolação de medições em solventes não aquosos, nos quais a constante de ionização é menor, tais como na acetonitrila e no dimetilsulfóxido.

**TABELA 1.3**  Constantes de ionização de ácidos e bases

| Composto | Fórmula | $pK_a$ ou $pK_b$ | $K_a$ ou $K_{ab}$ |
|---|---|---|---|
| Ácido bromídrico | HBr | −8,7 | $5,0 \times 10^8$ |
| Ácido perclórico | $HClO_4$ | −8 | $10^8$ |
| Ácido clorídrico | HCl | −6,3 | $2,0 \times 10^6$ |
| Ácido iodídrico | HI | −9,3 | $2,0 \times 10^9$ |
| Ácido nítrico | $HNO_3$ | −8 | $10^8$ |
| Ácido sulfúrico | $H_2SO_4$ | −3 | $10^3$ |
| Hidróxido de lítio | LiOH | −0,36 | 0,44 |
| Hidróxido de sódio | NaOH | 0,2 | 1,6 |
| Hidróxido de potássio | KOH | 0,5 | 3,2 |
| Hidróxido de rubídio | RbOH | – | – |
| Hidróxido de césio | CsOH | – | – |
| Hidróxido de magnésio | $Mg(OH)_2$ | – | – |
| Hidróxido de cálcio | $Ca(OH)_2$ | – | – |

## Ácidos e bases fracos

Segundo o conceito de Brönsted-Lowry, ácidos fracos são substâncias protonadas que se ionizam parcialmente em solução aquosa, podendo apresentar um ou mais hidrogênios ionizáveis. A dissociação parcial de um ácido fraco monoprótico, designado genericamente de HA, em meio aquoso, pode ser representada por:

$$HA_{(aq)} + H_2O \rightleftharpoons A^-_{(aq)} + H_3O^+_{(aq)}$$

cuja constante de equilíbrio para a reação pode ser expressa por $K_a$, a constante de ionização do ácido fraco:

$$K_a = [A^-][H_3O^+]/[HA]$$

Um exemplo típico de ácido fraco monoprótico é o **ácido acético**, $CH_3COOH$, que, em solução aquosa, ioniza-se de acordo com a equação:

$$CH_3COOH_{(aq)} + H_2O \rightleftharpoons CH_3COO^-_{(aq)} + H_3O^+_{(aq)}$$

$$K_a = [CH_3COO^-] \cdot [H_3O^+]/[CH_3COOH]$$

Segundo o conceito de Brönsted-Lowry, uma **base fraca**, representada genericamente por B, apresentará comportamento representado por:

$$B + H_2O \rightleftharpoons BH^+ + OH^-$$

com a constante de equilíbrio para a reação expressa por $K_b$, denominada constante de ionização da base fraca:

$$K_a = [BH^+][OH^-]/[B]$$

Uma base fraca típica é a **amônia**, $NH_3$, que, em solução aquosa, sofre ionização de acordo com a equação:

$$NH_{3(aq)} + H_2O \rightleftharpoons NH_4^+_{(aq)} + OH^-_{(aq)}$$

$$K_b = [NH_4^+] \cdot [OH^-]/[NH_3]$$

## Ácidos polipróticos e alfa-valores

São ácidos **capazes de doar um ou mais prótons por molécula**. Essas substâncias ionizam-se parcialmente, sendo que a constante de equilíbrio pode ser escrita para cada uma das etapas. Esses ácidos são representados genericamente por $H_nA$, onde $n$ é igual ao número de hidrogênios ionizáveis. Por exemplo, a dissociação do ácido fraco diprótico $H_2S$ apresenta duas etapas de ionização:

$$H_2S_{(aq)} + H_2O \rightleftharpoons H_3O^+_{(aq)} + HS^-_{(aq)} \qquad K_{a1} = 7,5 \times 10^{-8}$$

$$HS^-_{(aq)} + H_2O \rightleftharpoons H_3O^+_{(aq)} + S^{2-}_{(aq)} \qquad K_{a2} = 1,2 \times 10^{-15}$$

onde

$$K_{a1} = [H_3O^+] \cdot [HS^-]/[H_2S]$$

e

$$K_{a2} = [H_3O^+] \cdot [S^{2-}]/[HS^-].$$

Como a reação global é a soma das etapas individuais, e a constante de ionização global é o produto das constantes de ionização individuais, temos:

$$H_2S_{(aq)} + H_2O \rightleftharpoons 2\,H_3O^+_{(aq)} + S^{2-}_{(aq)}$$

e

$$K_a = K_{a1} \times K_{a2} = 7,5 \times 10^{-8} \times 1,2 \times 10^{-15} = 6,8 \times 10^{-23}$$

ou

$$K_a = K_{a1} \times K_{a2} = [H_3O^+]^2 \cdot [S^{2-}] / [H_2S] = 6{,}8 \times 10^{-23}.$$

Como a concentração de saturação do $H_2S$ em solução aquosa é em torno de 0,10 mol/L, a expressão pode ser escrita como:

$$[H_3O^+]^2 \cdot [S^{2-}] / 0{,}10 = 6{,}8 \times 10^{-23}$$

ou

$$[H_3O^+]^2 \cdot [S^{2-}] = 6{,}8 \times 10^{-24}.$$

Uma maneira alternativa de expressar as quantidades relativas de $H_2S$, $HS^-$ e $S^{2-}$ no sistema reacional é por meio das frações molares dessas espécies para um determinado pH. Frações molares são conhecidas como alfa-valores ($\alpha$-valores). Esses $\alpha$-valores relacionam as concentrações das espécies que coexistem em equilíbrio, em um determinado pH, com a concentração total ou global ($C_T$ ou $C_{H_2S}$) da espécie de interesse, o $H_2S$.

Resulta que a fração de cada espécie em relação à concentração total pode ser expressa por:

$$\alpha_0 = [H_2S] / C_T$$

$$\alpha_1 = [HS^-] / C_T$$

$$\alpha_2 = [S^{2-}] / C_T$$

onde:

$$C_T = [H_2S] + [HS^-] + [S^{2-}] \quad e \quad \alpha_0 + \alpha_1 + \alpha_2 = 1$$

O subscrito no termo do $\alpha$-valor denota o número de hidrogênios ionizados, e o sobrescrito denota a carga da espécie em equilíbrio.

A concentração total de ácido sulfídrico, $C_{H_2S}$, pode ser escrita como:

$$C_T = C_{H_2S} = [H_2S] + [HS^-] + [S^{2-}]$$

Tentando obter uma expressão, para os alfa-valores, que dependa apenas das constantes ácidas $K_{a1}$ e $K_{a2}$ e da $[H_3O^+]$ obtém-se:

$$\alpha_0 = [H_2S] / [H_2S] + [HS^-] + [S^{2-}] \qquad (1)$$

$$\alpha_1 = [HS^-] / [H_2S] + [HS^-] + [S^{2-}] \qquad (2)$$

$$\alpha_2 = [S^{2-}] / [H_2S] + [HS^-] + [S^{2-}] \qquad (3)$$

Expressando de forma simplificada $K_{a1}$ como $K_1$, $K_{a2}$ como $K_2$ e substituindo $[HS^-]$ e $[S^{2-}]$ por expressões que dependam de $[H_2S]$ temos

$$K_1 = [H_3O^+] \cdot [HS^-] / [H_2S],$$

que, sofrendo um rearranjo, fica:

$$[HS^-] = K_1 [H_2S] / [H_3O^+] \qquad (4)$$

de $K_1 \cdot K_2 = [H_3O^+]^2 \cdot [S^{2-}]/[H_2S]$, vem que:

$$[S^{2-}] = K_1 K_2 [H_2S] / [H_3O^+]^2 \qquad (5)$$

Substituindo (4) e (5) em (1) obtém-se:

$$\alpha_0 = [H_2S] / [H_2S] + K_1 [H_2S] / [H_3O^+] + K_1 K_2 [H_2S] / [H_3O^+]^2$$

Simplificando, [H$_2$S] fica:

$$\alpha_0 = 1 / (1 + K_1 / [H_3O^+] + K_1 K_2 / [H_3O^+]^2)$$

ou

$$\alpha_0 = 1 / \{([H_3O^+]^2 + K_1 [H_3O^+] + K_1 K_2) / [H_3O^+]^2\}.$$

Finalmente,

$$\alpha_0 = [H_3O^+]^2 / ([H_3O^+]^2 + K_1 [H_3O^+] + K_1 K_2)$$

Da mesma maneira, é possível obter $\alpha_1$ e $\alpha_2$ substituindo (4) e (5) em (2) e (3) resultando em:

$$\alpha_1 = K_1 [H_3O^+] / ([H_3O^+]^2 + K_1 [H_3O^+] + K_1 K_2)$$

$$\alpha_2 = K_1 K_2 / ([H_3O^+]^2 + K_1 [H_3O^+] + K_1 K_2)$$

### Soluções tampão

São soluções que resistem a variações bruscas de pH, por efeito da diluição, ou quando a elas são adicionadas pequenas quantidades de ácidos fortes ou de bases fortes. São importantes para o preparo de soluções com pH fixo e constante e também para manter o pH em um intervalo desejado, como no caso da precipitação dos cátions metálicos do Grupo III. As soluções fortemente ácidas ou fortemente básicas comportam-se como soluções pseudo-tampões, porque a adição de pequenas quantidades de ácido ou base, face à grande quantidade de íons $H_3O^+$ ou $OH^-$ existentes na solução, não afeta o valor do pH.

A estrutura básica dos sistemas tampões é representada pelos pares conjugados ácido-base de Brönsted-Lowry. Basicamente podem ser de três tipos:

- Ácido fraco e sua base conjugada (HA e $A^-$)
- Base fraca e seu ácido conjugado (B e $BH^+$)
- Pares derivados de ácidos polipróticos (exemplificando, para o ácido sulfídrico ($H_2S$), temos os pares conjugados $H_2S$ e $HS^-$ e $HS^-$ e $S^{2-}$)

A condição de equilíbrio iônico que governa o comportamento de um sistema tampão do tipo ácido acético e acetato é dada por $K_a$:

$$CH_3COOH_{(aq)} + H_2O \rightleftharpoons H_3O^+_{(aq)} + CH_3COO^-_{(aq)}$$

$$K_a = [H_3O^+][CH_3COO^-] / [CH_3COOH]$$

onde:

$[CH_3COO^-] = C_{molar}$ do sal, sendo C = concentração,
$[CH_3COOH] = C_{molar}$ do ácido, sendo C = concentração,

que, ao serem substituídos na expressão do $K_a$, resulta:

$$K_a = [H_3O^+] C_{sal} / C_{ácido}$$

ou

$$[H_3O^+] = K_a C_{ácido} / C_{sal}$$

Logaritmando a expressão, temos:

$$\log [H_3O^+] = \log K_a + \log C_{ácido} / C_{sal}$$

e multiplicando por $(x - 1)$

$$-\log [H_3O^+] = -\log K_a - \log C_{ácido} / C_{sal}$$

Finalmente, obtém-se

$$pH = pK_a + \log C_{sal} / C_{ácido}$$

ou

$$pH = pK_a + \log[CH_3COO^-] / [CH_3COOH],$$

cuja fórmula é conhecida como equação de Henderson-Hasselbach.

Se uma pequena quantidade de um ácido forte ou de um sal contendo ânions acetato for adicionada à solução tampão, o equilíbrio se desloca no sentido de formação do ácido acético, conforme previsto pelo Princípio de Le Chatelier. Por outro lado, se uma quantidade de base forte for adicionada à solução tampão, o equilíbrio se desloca no sentido de formação dos produtos (íons $H_3O^+$ e $CH_3COO^-$), de forma a minimizar o efeito dessa adição.

A quantidade de ácido ou de base que pode ser adicionada à solução tampão sem causar uma mudança brusca de pH é denominada **capacidade tamponante**, que é governada pela relação $C_{ácido} / C_{sal}$. A capacidade tamponante depende da razão das concentrações molares do ácido e do seu ânion conjugado, bem como das concentrações efetivas desses dois componentes. A capacidade tamponante é tanto maior quanto maiores forem as concentrações dos componentes e quanto mais próxima do valor unitário (1) for a razão entre essas concentrações. Nesse caso, a equação de Henderson-Hasselbach pode ser escrita como:

$$pH = pK_a + \log 1 \text{ e } pH = pK_a$$

Para um sistema tampão genérico constituído de uma base fraca e seu ácido conjugado, do tipo B e $BH^+$, a condição de equilíbrio e a expressão da constante de equilíbrio ficam:

$$B_{(aq)} + H_2O \rightleftharpoons BH^+_{(aq)} + OH^-_{(aq)}$$

$$K_b = [BH^+][OH^-] / [B]$$

Por logaritmação, resulta que:

$$pOH = pK_b + \log C_{sal} / C_{base}$$

ou

$$pOH = pK_b + \log[BH^+] / [B].$$

Como $pK_w = pH + pOH$, a expressão fica:

$$pH = 14 - pOH = 14 - pK_b + \log C_{base} / C_{sal}$$

ou

$$pH = 14 - pK_b + \log [B] / [BH^+]$$

Finalmente, expressando a constante de equilíbrio para sistemas tampão derivados de um ácido diprótico genérico (pares $H_2A$ e $HA^-$ e $HA^-$ e $A^{2-}$), temos as duas possibilidades a seguir.

- **Sistema tampão $H_2A$ / $HA^-$**

$$H_2A_{(aq)} + H_2O \rightleftharpoons HA^-_{(aq)} + H_3O^+_{(aq)}$$

$$K_{a1} = [H_3O^+][HA^-] / [H_2A]$$

ou

$$[H_3O^+] = K_{a1}[H_2A] / [HA^-].$$

Nesse sistema, a concentração da espécie $A^{2-}$ deve ser desprezível, de maneira a não configurar outro par conjugado ácido-base, ou seja, $HA^-$ e $A^{2-}$.

- **Sistema tampão $HA^-$ / $A^{2-}$**

$$HA^-_{(aq)} + H_2O \rightleftharpoons A^{2-}_{(aq)} + H_3O^+_{(aq)}$$

$$K_{a2} = [H_3O^+][A^{2-}] / [HA^-]$$

ou

$$[H_3O^+] = K_{a2}[HA^-] / [A^{2-}]$$

Nesse sistema, a concentração da espécie $H_2A$ deve ser desprezível, de maneira a não configurar outro par conjugado ácido-base, ou seja, $H_2A$ e $HA^-$.

## Equilíbrios de complexação

Embora seja comum escrever as fórmulas dos cátions como espécies isoladas em solução aquosa ($H^+$, $Cu^{2+}$, $Cr^{3+}$), sua estrutura geralmente é mais complexa, sendo o cátion ligado a várias moléculas de água (por exemplo, $H(H_2O)^+$, $Cu(H_2O)_x^{2+}$ e $Al(H_2O)_x^{3+}$). O íon metálico central é considerado um ácido de Lewis capaz de receber um ou mais pares de elétrons desemparelhados, e as espécies ligantes são consideradas bases de Lewis por possuírem na sua molécula átomos de N, O e S capazes de doarem um ou mais pares de elétrons desemparelhados.

Um **íon complexo** consiste de um íon metálico central (ácido de Lewis) ligado quimicamente a duas, quatro ou seis espécies iônicas ou neutras denominadas ligantes. O número de ligações químicas envolvendo o átomo central é denominado **número de coordenação**. O valor numérico do número de coordenação descreve quantas espécies ligantes devem estar ligadas ao íon metálico central, sendo os de número 2, 4 e 6 os mais comuns, embora também sejam conhecidos os de número 5, 7, 8 e 10.

O número de coordenação depende de diferentes fatores, entre os quais destacam-se a configuração do átomo ou íon central, o tamanho do átomo ou do íon central, o tamanho do ligante e a estrutura eletrônica do ligante. A carga do complexo é determinada somente pela soma algébrica das cargas dos seus componentes. O aumento da estabilidade ou força da ligação química entre os cátions metálicos e os diferentes agentes ligantes geralmente aumenta na seguinte ordem: $I^- < Br^- < Cl^- \approx SCN^- < F^- < OH^- < H_2O < NCS^- << NH_3 < NO_2^- < CO \approx CN^-$.

Por exemplo, a amônia é um agente ligante com um par de elétrons desemparelhados que complexa com íons prata em duas etapas sucessivas, formando um íon complexo moderadamente estável, que envolve um íon prata e duas moléculas de amônia. Expressando as constantes de equilíbrio, denominadas **constantes de formação parciais**, para as duas etapas sucessivas obtém-se:

$$Ag^+_{(aq)} + NH_{3\,(aq)} \rightleftharpoons Ag(NH_3)^+_{(aq)}$$

$$K_{f1} = [Ag(NH_3)^+] / [Ag^+][NH_3] = 2{,}5 \times 10^3$$

$$Ag(NH_3)^+_{(aq)} + NH_{3\,(aq)} \rightleftharpoons Ag(NH_3)_2^+_{(aq)}$$

$$K_{f2} = [Ag(NH_3)_2^+] / [Ag(NH_3)^+][NH_3] = 1{,}0 \times 10^4$$

Como a reação global é a soma das etapas individuais, e a constante de formação global é o produto das constantes de formação individuais, temos:

$$Ag^+_{(aq)} + 2\,NH_{3\,(aq)} \rightleftharpoons Ag(NH_3)_2^+_{(aq)}$$

$$K_f = K_{f1} \cdot K_{f2} = [Ag(NH_3)_2^+] / [Ag^+][NH_3]^2 = 2{,}5 \times 10^7$$

A **constante de formação global** ($K_f$) também é denominada constante de estabilidade ($K_{est}$). O inverso da constante de estabilidade é a constante de instabilidade, $K_{inst}$, que está associada à reação de dissociação do complexo.

Para a reação de dissociação do complexo a seguir, temos:

$$Ag(NH_3)_2^+_{(aq)} \rightleftharpoons Ag^+_{(aq)} + 2\,NH_{3(aq)} \qquad K_{inst} = 1/K_{est}$$

$$K_{inst} = 1 / 2{,}5 \times 10^7 = 4{,}0 \times 10^{-8}$$

A formação de íons complexos muitas vezes é usada para dissolver precipitados que não são facilmente dissolvidos em soluções ácidas. Um exemplo desse fenômeno é o precipitado pouco solúvel $PbSO_4$. Como o ânion sulfato ($SO_4^{2-}$) é derivado de um ácido forte, não apresenta tendência a se dissolver em ácidos, já que não interage apreciavelmente com íons $H^+$, condição necessária para o ácido ser um solvente efetivo. Esse não é o caso da dissolução de haletos de prata mediante complexação com amônia, que é uma prática corrente na análise qualitativa.

A reação global para a dissolução do AgCl ($K_{PS} = 1{,}8 \times 10^{-10}$) com amônia envolve o seguinte equilíbrio químico:

$$AgCl_{(s)} + 2\,NH_{3(aq)} \rightleftharpoons Ag(NH_3)_2^+_{(aq)} + Cl^-_{(aq)}$$

cuja constante de dissolução global é igual a:

$$K_{dissolução} = K_{PS} / K_{inst} = 1{,}8 \times 10^{-10} / 4 \times 10^{-8} = 4{,}5 \times 10^{-3}$$

ou

$$K_{dissolução} = K_{PS} \cdot K_{est} = 1{,}8 \times 10^{-10} \cdot 2{,}5 \times 10^7 = 4{,}5 \times 10^{-3}$$

## Equilíbrios de oxidação-redução ou redox

As reações de óxido-redução, ou simplesmente reações redox, são as reações que envolvem a transferência de elétrons entre duas substâncias reagentes. Suas principais características são:

**Ocorrência de dois pares conjugados redox no meio reacional**  Um par deve conter a espécie a se oxidar, denominada agente redutor, e o outro deve conter a espécie a se reduzir, denominada agente oxidante. Os pares conjugados redox são representados pelas suas respectivas semirreações.

**Simultaneidade das semirreações do processo redox**  A semirreação de recebimento de elétrons pelo agente oxidante e a semirreação de perda de elétrons pelo agente redutor ocorrem ao mesmo tempo.

**Rapidez da grande maioria das reações redox utilizadas em meio aquoso**  São reações consideradas praticamente instantâneas, quando estudadas sob o ponto de vista cinético.

**Força motora calculada pela diferença de potencial entre os pares conjugados redox**  Essa característica é válida quando as reações são estudadas sob o ponto de vista termodinâmico. A norma brasileira segue a forma de representação de um par conjugado redox conforme a convenção europeia adotada pela IUPAC:

$$\text{Forma oxidada} + \text{número de elétrons} \rightleftharpoons \text{Forma reduzida} \qquad \varepsilon° \text{ (Volts) a 298 K}$$

Para o cálculo da constante de equilíbrio de reações redox a partir da combinação arbitrária de duas semirreações de redução, deve-se seguir os seguintes passos:

Considerando a reação redox global

$$Sn^{4+}_{(aq)} + Mg_{(s)} \rightarrow Sn^{2+}_{(aq)} + Mg^{2+}_{(aq)}$$

balancear o número de elétrons nas duas semirreações de redução que constituem o processo redox global de modo que esse número seja o mesmo em ambas as semirreações:

(1) $Sn^{4+}_{(aq)} + 2\,e^- \rightleftharpoons Sn^{2+}_{(aq)}$ $\qquad \varepsilon° = +0,154\text{ V}$

(2) $Mg^{2+}_{(aq)} + 2\,e^- \rightleftharpoons Mg_{(s)}$ $\qquad \varepsilon° = -2,363\text{ V}$

Somar a semirreação (1) com a semirreação (2) invertida, respeitando o sentido da reação global:

(1) $Sn^{4+} + 2\,e^- \rightleftharpoons Sn^{2+}$

(2) $Mg_{(s)} \rightleftharpoons Mg^{2+} + 2\,e^-$

Calcular a força eletromotriz (f.e.m.) do sistema pela diferença entre potenciais padrão das duas semirreações, considerando o sentido da reação global. Ou seja, calcular o potencial padrão da semirreação (1) menos o potencial padrão da semirreação (2), sem que ocorra mudança de sinal nos potenciais padrão:

$$\text{f.e.m padrão }(\varepsilon°) = +0,154\text{ V} - (-2,363\text{ V}) = +2,517\text{ V}$$

Por fim, calcular a constante de equilíbrio conforme a equação:

$$\log K_{eq} = 10^{ne^0/0{,}05916} = 10^{2 \times 2{,}517/0{,}05916} = 9{,}0 \times 10^{36}$$

que indica que a reação é muito favorável de ocorrer no sentido da formação dos produtos.

## Balanço de massa e de cargas das reações redox pelo método do número de oxidação em soluções aquosas

De maneira a poder aplicar corretamente os cálculos de equilíbrio químico, é necessário que a equação estequiométrica seja submetida ao balanço de massa e carga.
Etapas do balanço:

1. Atribuir os números de oxidação a todos os átomos.
2. Identificar os átomos que perdem e os que ganham elétrons. A partir desse ponto, determinar o número de elétrons que são perdidos e ganhos.
3. Se mais de um átomo em um composto perde ou ganha elétrons, determine a perda ou o ganho total por composto.
4. Igualar o ganho de elétrons do agente oxidante com a perda correspondente do agente redutor, inserindo um coeficiente apropriado antes da fórmula de cada um dos reagentes envolvidos, no lado esquerdo da equação.
5. Balancear os átomos que ganharam ou perderam elétrons, adicionando coeficientes apropriados no lado direito da equação.
6. Balancear todos os outros átomos, exceto os de oxigênio e de hidrogênio.
7. Balancear a carga – a soma de todas as cargas iônicas – de maneira que seja igualada em ambos os lados da equação, adicionando ou $H^+$ ou $OH^-$.
    7.1. Se a reação ocorre em solução ácida, adicionar íons $H^+$ ao lado deficiente em cargas positivas.
    7.2. Se a reação ocorre em solução básica, adicionar íons $OH^-$ ao lado deficiente de cargas negativas.
8. Balancear os átomos de hidrogênio adicionando, $H_2O$ ao lado apropriado da equação. Verificar se os átomos de oxigênio estão balanceados.

A seguir, apresentamos um exemplo de balanceamento redox para a reação de dissolução do sulfeto de chumbo em ácido nítrico:

Considere a seguinte reação redox parcial

$$PbS_{(s)} + NO_3^-{}_{(aq)} \rightleftharpoons Pb^{2+}{}_{(aq)} + S^0 + 2\,NO_{(g)}$$

Etapa 1:

$$PbS_{(s)} + NO_3^-{}_{(aq)} \rightleftharpoons Pb^{2+}{}_{(aq)} + S^0 + NO_{(g)}$$
$$+2-2 \quad +5-2 \quad\quad +2 \quad\quad 0 \quad +2-2$$

Etapa 2:

$$PbS_{(s)} + NO_3^-{}_{(aq)} \rightleftharpoons Pb^{2+}{}_{(aq)} + S^0 + 2\,NO_{(g)}$$

Redução: ganho de 3 elétrons

Oxidação: perda de 2 elétrons

Etapa 3: não necessária
Etapa 4:

$$3\,PbS_{(s)} + 2\,NO_3^-{}_{(aq)} \rightleftharpoons Pb^{2+}{}_{(aq)} + S^0 + NO_{(g)}$$

Ganho total de 2 × 3 elétrons pelo $NO_3^-$

Perda total de 3 × 2 elétrons pelo PbS

Etapa 5: $3\,PbS_{(s)} + 2\,NO_3^-{}_{(aq)} \rightleftharpoons Pb^{2+}{}_{(aq)} + 3\,S^0 + 2\,NO_{(g)}$

Etapa 6: $3\,PbS_{(s)} + 2\,NO_3^-{}_{(aq)} \rightleftharpoons 3\,Pb^{2+}{}_{(aq)} + 3\,S^0 + 2\,NO_{(g)}$

Etapa 7: carga total a e carga total à esquerda $= 0 + 2(-1) = -2$
carga total a e carga total à direita $= 3 \times (+2) + 0 + 0 = +6$
carga positiva necessária a adicionar à esquerda $= +8$

$$3\,PbS_{(s)} + 2\,NO_3^-{}_{(aq)} + 8\,H^+{}_{(aq)} \rightleftharpoons 3\,Pb^{2+}{}_{(aq)} + 3\,S^0 + 2\,NO_{(g)}$$

Etapa 8: $3\,PbS_{(s)} + 2\,NO_3^-{}_{(aq)} + 8\,H^+{}_{(aq)} \rightleftharpoons 3\,Pb^{2+}{}_{(aq)} + 3\,S^0 + 2\,NO_{(g)} + 4\,H_2O$
(os átomos de oxigênio ficam automaticamente balanceados)

## Dissolução de precipitados por oxidação de ânions

A maioria das reações encontradas na análise qualitativa pode ser classificada como reação simples ou competitiva ácido-base, de precipitação ou de formação de íons complexos. No entanto, existem situações em que é necessário recorrer a outra espécie de reação, envolvendo oxidação e redução, para que determinadas mudanças ocorram. Tal situação pode ser observada com os sulfetos metálicos do subgrupo II-A ($Cu^{2+}$, $Cd^{2+}$, $Pb^{2+}$ e $Bi^{3+}$), que são extremamente insolúveis em soluções ácidas (exceto em ácido nítrico), e não são dissolvidos por agentes complexantes usuais.

Por exemplo, o ânion sulfeto, $S^-$ é um agente redutor e pode ser removido, por oxidação, a um estado não presente no equilíbrio original. Esse é o caso da solubilidade da maioria dos sulfetos em ácido nítrico, conforme exemplificado a seguir:

$$3\,CuS_{(s)} + 2\,NO_3^-{}_{(aq)} + 8\,H^+{}_{(aq)} \rightleftharpoons 3\,Cu^{2+}{}_{(aq)} + 2\,NO_{(g)} + 3\,S^0 + 4\,H_2O$$

Nessa reação o íon sulfeto é oxidado segundo a reação:

$$3\,S^{2-}{}_{(aq)} + 2\,NO_3^-{}_{(aq)} + 8\,H^+{}_{(aq)} \rightleftharpoons 2\,NO_{(g)} + 3\,S^0 + 4\,H_2O$$

No caso do sulfeto mercúrico, a dissolução é feita com água-régia, segundo a reação abaixo:

$$3\,HgS_{(s)} + 2\,NO_3^-{}_{(aq)} + 12\,Cl^-{}_{(aq)} + 8\,H^+{}_{(aq)} \rightleftharpoons 3\,HgCl_4^{2-}{}_{(aq)} + 2\,NO_{(g)} + 3\,S^0 + 4\,H_2O$$

A água-régia não é mais oxidante que o $HNO_3$ concentrado. A solubilização deve-se à formação do íon complexo $HgCl_4^{2-}$. Sais contendo íons como brometo, iodeto, cianeto, arsenito, sulfito e oxalato são dissolvidos da mesma forma por agentes oxidantes.

# Capítulo 2

# Prática de laboratório

Para que o trabalho no laboratório seja seguro e apresente resultados satisfatórios, é necessário observar uma série de regras. As normas de segurança são essenciais, porém, também é preciso compreender a importância do trabalho na escala semimicro, que é a técnica que norteia a abordagem deste livro, conforme mencionado em sua parte introdutória.

A sala de laboratório utilizada para os experimentos de Química Analítica costuma ser construída e montada obedecendo a determinadas normas de segurança, a fim de facilitar os procedimentos e evitar, ao máximo, os acidentes. Entretanto, todo o trabalho feito em laboratório apresenta riscos, seja pela ação de produtos químicos ou das chamas de bicos de gases, que podem, eventualmente, causar incêndios e explosões. Os materiais de vidro também podem causar ferimentos graves.

Apresentamos algumas normas de conduta elaboradas pela COSAT, Comissão de Saúde e Ambiente de Trabalho do Instituto de Química da Universidade Federal do Rio Grande do Sul (2014) e que devem ser seguidas dentro do laboratório do curso de Química Analítica Qualitativa.

- Trabalhar sempre com atenção, pois a mais simples operação com produtos químicos sempre envolve um grau de risco.
- Usar sempre calçado fechado. Nunca usar calçados abertos (chinelos ou sandálias) ou de tecido.
- Usar avental (guarda-pó ou jaleco) de mangas compridas, do tipo 7/8, fechado, confeccionado em algodão ou jeans.
- Não usar roupas de tecido sintético, pois são facilmente inflamáveis.
- Usar calça comprida. Usar sempre óculos de segurança no laboratório. Os óculos panorâmicos são necessários para quem usa óculos de grau – o acessório deve ser ergonometricamente adequado a cada rosto.
- Usar os Equipamentos de Proteção Individual (EPI's) apropriados nas operações que apresentem riscos potenciais. Os equipamentos necessitam de manutenção preventiva, bem como a observação quanto a sua correta utilização.
- Não colocar reagentes ou solventes de laboratório no armário de roupas ou de materiais pessoais. É importante guardá-los somente em armários específicos,

observando as questões de incompatibilidade química. Também é necessário observar a quantidade mínima operacional, armazenando apenas as quantidades que serão utilizadas.

- Não pipetar qualquer tipo de produto químico (mesmo soluções diluídas) diretamente com a boca, utilizar sempre um pipetador de borracha adequado.
- Não levar as mãos à boca ou aos olhos quanto estiver trabalhando com produtos químicos, evitando contaminações ou reações alérgicas.
- Não usar lentes de contato, pois há grande probabilidade de haver danos aos olhos durante a manipulação de solventes orgânicos ou corrosivos.
- Não se expor diretamente a radiações ultravioleta, infravermelho e outras, utilizando sempre anteparos ou EPI's adequados.
- Manter todas as gavetas e portas fechadas durante a atividade no laboratório, pois uma sala desorganizada pode ser a causa de incidentes ou acidentes.
- Planejar todo o trabalho a ser realizado no laboratório, separando todos os produtos e solventes, bem como vidrarias, ferragens e equipamentos necessários, e disponibilizando-os na proximidade da bancada.
- Verificar as condições da aparelhagem de vidraria, das ferragens e dos equipamentos a serem utilizados, em especial quanto à limpeza e à existência de falhas que possam criar condições de acidentes.
- Conhecer a periculosidade dos produtos químicos a serem manuseados, acessando as fichas de informações de segurança dos produtos químicos (FISPQ/MSDS) disponíveis pelos fabricantes na internet ou em catálogos específicos.

A conduta pessoal no laboratório é fundamental para a criação e manutenção de um ambiente seguro. Essa mesma atenção deve ser estendida ao manuseio de produtos químicos. Listamos alguns procedimentos de segurança que o ajudarão a evitar acidentes das mais variadas magnitudes e abrangências.

- Manter as bancadas sempre limpas e livres de materiais estranhos ao trabalho que está sendo realizado.
- Ao esvaziar um frasco de reagentes, fazer a limpeza com material apropriado, antes de colocá-lo para lavagem. Coletar o produto da limpeza, considerando-o como rejeito químico a ser devidamente tratado.
- Identificar os reagentes químicos e as soluções preparadas a partir deles, bem como as amostras coletadas, com o uso de rótulos específicos com notação química adequada, evitando o uso de códigos pessoais ou inelegíveis.
- Separar o resíduo químico de forma seletiva, evitando misturas, de forma a facilitar uma possível recuperação do mesmo. Utilizar frascos específicos, com rótulos devidamente identificados.
- Utilizar o lixo comum do laboratório unicamente para papéis usados ou materiais que não serão mais necessários, quando estes não apresentarem riscos de contato.

- Descontaminar, devidamente, a vidraria quebrada, colocando-a em recipientes específicos, devidamente rotulados. Esse resíduo não pode ser descartado no lixo comum do laboratório.

- Usar pinças e ferragens de tamanho adequado e em perfeito estado de conservação para cada material de vidraria de laboratório, evitando improvisações que possam resultar em acidentes.

- Utilizar a capela de laboratório para trabalhar com reações que liberam gases ou vapores venenosos ou irritantes.

- Não usar a capela de laboratório como depósito de reagentes ou solventes, pois ela deve ser um local de excelência para reações mais perigosas.

- Não descartar produtos químicos nas pias do laboratório. Encaminhar os rejeitos químicos de forma sistematizada para o devido tratamento, evitando,agressões ao meio ambiente.

- Antes de iniciar as atividades no laboratório, verificar as condições dos suprimentos de energia elétrica, de aterramento, de gás liquefeito de petróleo, de gases especiais, de água encanada e de ar comprimido quanto a possíveis ligações defeituosas ou vazamentos. Isso é importante para evitar acidentes e providenciar o devido e imediato reparo técnico das estruturas, evitando improvisações.

- Ao finalizar as atividades no laboratório é preciso: encaminhar corretamente os rejeitos químicos, retornar os reagentes e os solventes para os devidos locais de armazenamento, fazer a pré-limpeza das vidrarias e encaminhá-las para lavagem, proceder à limpeza dos equipamentos utilizados e retornar o material utilizado limpo para os locais de origem.

- Manter os acessos externos e internos do laboratório livre de obstáculos que possam comprometer a livre circulação.

## Técnicas de laboratório para escala semimicro

A análise qualitativa utilizando a técnica semimicro apresenta uma série de vantagens em comparação a outras técnicas, conforme já mencionado. Podemos citar a economia (de reagentes, por meio do consumo reduzido de amostra; menor tempo de análise; uso reduzido de $H_2S$), o aumento da eficiência de separação (gerado pela utilização da centrífuga), o desenvolvimento de habilidades de manipulação (pelo treinamento com pequenas quantidades de material), resultando em uma racionalização e otimização do espaço físico.

**Agitação** Em análise os resultados satisfatórios podem, muitas vezes, depender do simples ato de agitar. Quando duas soluções são misturadas, sua difusão recíproca não é rápida – por isso, a menos que seja dito o contrário, deve haver agitação quando se adiciona a solução reagente à solução teste, com a finalidade de homogeneizar o sistema.

**Precipitação** Quando duas soluções são misturadas e há formação de um sólido, o processo é denominado precipitação. Em escala semimicro as precipitações são efetuadas em tubos de centrífuga. Os reagentes são homogeneizados sob agitação, com bastão de vidro.

- **Prática**   Em um tubo de centrífuga, coloque 5 gotas de solução de cloreto de bário 0,5 mol/L. Adicione uma gota de ácido sulfúrico 1,5 mol/L e agite. Observe a formação do sólido (precipitado) branco. A reação que ocorre é a seguinte

$$Ba^{2+}_{(aq)} + SO_4^{2-}_{(aq)} \rightleftharpoons BaSO_{4(s)}$$

**Centrifugação**   Quando uma solução que contém um sólido é centrifugada, o sólido é forçado para o fundo do tubo de centrífuga de maneira a adquirir uma forma compactada – a esse **sólido** dá-se o nome de **precipitado**. O **líquido sobrenadante** é denominado **centrifugado**.

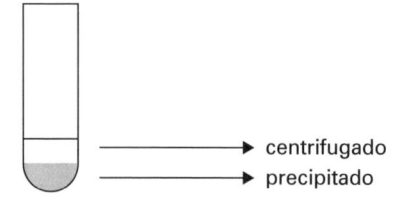

→ centrifugado
→ precipitado

- **Prática**   Centrifugue o conteúdo do tubo em que ocorreu a formação do sulfato de bário. O tempo recomendado é de um a dois minutos. Procure sempre contrabalançar os pesos na centrífuga.

**Precipitação completa**   O sucesso de análises sistemáticas depende da precipitação estar completa. A verificação desta condição é feita pela **adição do reagente precipitante gota a gota e observação** do centrifugado após cada adição. Ocorrendo turvação, centrifugar e, logo após, adicionar mais uma gota de reagente. Quando a adição dessa gota não provocar mais precipitação (centrifugado limpo), diz-se que a precipitação está completa.

- **Prática**   Verifique se a precipitação do sulfato de bário foi completa mediante a adição de ácido sulfúrico 1,5 mol/L, gota a gota. Após cada gota, centrifugue sempre que houver turvação.

**Excesso de reagente**   Evitar o excesso de reagente pois isso pode aumentar a solubilidade do precipitado devido à, por exemplo, formação de íons complexos.

- **Prática**   Recolha, em tubo de centrifuga, 3 gotas de solução de nitrato de chumbo. Adicione a essa solução duas gotas de ácido clorídrico – procedimento que deve ser realizado na capela – e verifique a formação de um precipitado branco. Continue adicionando HCl concentrado, agitando continuamente, e verifique se o precipitado solubiliza-se.

$$Pb^{2+}_{(aq)} + 2\,Cl^-_{(aq)} \rightleftharpoons PbCl_{2(s)} \text{ (branco)}$$

$$PbCl_{2(s)} + 2\,Cl^-_{(aq)} \rightleftharpoons PbCl_4^{2-}_{(aq)}$$

**Remoção do centrifugado**  Operação de remoção e guarda em tubos de ensaio ou de centrífuga (a menos que seja dito o contrário) dos centrifugados, após as precipitações. Pode ser efetuada por meio de uma micropipeta, com o cuidado de não remover parte do precipitado.

- **Prática**  Remova o centrifugado da precipitação completa do $BaSO_4$.

**Lavagem do precipitado**  Operação efetuada com a adição da quantidade requerida de solução de lavagem e a agitação do sólido e da solução com um bastão de vidro. A mistura é, então, centrifugada, e o líquido de lavagem é removido com uma micropipeta. Essa operação deve ser feita após a remoção do centrifugado – separação que nunca é perfeita; o precipitado remanescente no tubo está impregnado de solução original e, consequentemente, contaminado pelos íons presentes no centrifugado. Tais íons podem causar interferências na análise do precipitado.

- **Prática**  Recolha, em tubo de centrífuga, 5 gotas de solução de hidrogenofosfato de amônio. Em seguida, adicione 3 gotas de uma solução amoniacal de cromato e 3 gotas de solução de íons $Ca^{2+}$. Observe a formação de precipitado. Centrifugue. Remova o centrifugado e despreze-o. O precipitado obtido ($Ca_3(PO)_2$) deveria ser branco, porém, está contaminado com íons cromato (amarelo). Lave o precipitado com 10 gotas de água destilada. Centrifugue. Remova o líquido de lavagem e guarde-o. Observe que o líquido é amarelo, indicando que houve remoção de íons cromato presentes no precipitado. Confirme a presença de cromato no líquido de lavagem pela adição de uma solução que contenha $Pb^{2+}$ ou $Ba^{2+}$, observando a formação de $PbCrO_4$ ou $BaCrO_4$ (precipitados amarelos).

**Aquecimento de uma solução**  Uma solução contida em um pequeno tubo de ensaio não pode ser aquecida, com segurança, diretamente na chama. Esse procedimento inadequado poderia causar projeção do material e consequente perda de parte ou de todo líquido. O método mais satisfatório para aquecer soluções é adaptar o tubo a um agarrador de madeira e mergulhá-lo num banho d'água ou banho-maria.

- **Prática**  Adicione 3 gotas de solução de íons $Cu^{2+}$ a um tubo de ensaio ou de centrífuga. Adicione, então, 5 gotas de tioacetamida e aqueça em banho de água, conforme descrito anteriormente. Verifique a formação de um precipitado preto de sulfeto cúprico.

**Teste de acidez e alcalinidade**  Muitas vezes, o pH da solução é de vital importância para o êxito de determinada etapa da análise sistemática. A técnica em escala semimicro utiliza o papel de tornassol para acerto de acidez ou basicidade. Soluções aquosas ácidas tornam vermelho o papel azul de tornassol. As soluções aquosas alcalinas tornam azul o papel vermelho de tornassol.

Quando a solução estiver em um tubo de ensaio ou em outro pequeno recipiente, não é conveniente mergulhar o papel na solução. Para tanto, recomenda-se colocar pequenos pedaços de papel de tornassol azul e vermelho sobre um vidro de relógio e testar o pH da solução da seguinte maneira: agitar a solução com um bastão de vidro e encostar o bastão no papel até que haja mudança de coloração.

- **Prática**  Recolha, em tubo de ensaio, 5 gotas de uma solução contendo íons $Cu^{2+}$. Alcalinize com hidróxido de amônio 3,0 mol/L, atentando para a cor azulada da solução ao longo da adição. Depois acidifique com ácido sulfúrico 1,5 mol/L, sempre efetuando a adição de reagente gota a gota. Observe a formação de precipitado branco em meio alcalino (básico).

- **Prática**  Recolha, em tubo de ensaio, 5 gotas de uma solução contendo íons $Bi^{3+}$. Alcalinize com hidróxido de amônio 3,0 mol/L e depois acidifique com ácido sulfúrico 1,5 mol/L sempre efetuando a adição de reagente gota a gota. Observe a formação de precipitado branco em meio alcalino (básico).

Capítulo 3

# Análise sistemática de cátions

Os aspectos abordados nos capítulos anteriores fundamentam os princípios e as técnicas aplicadas em laboratório adotados na Análise Química Qualitativa Clássica.

Na análise química qualitativa clássica, por via úmida, não é possível efetuar um trabalho de "varredura" nas amostras, pois é pouco provável que se encontrem reagentes químicos específicos para identificação de determinado cátion ou ânion sem que eles interajam com outras espécies químicas durante um procedimento. Esse baixo grau de confiabilidade dos chamados reagentes específicos exige que a amostra original seja dividida em grupos e subgrupos de componentes, seguindo-se uma ordem lógica de utilização de reagentes coletores de grupos.

Dessa maneira, é viabilizada a divisão da amostra original em partes perfeitamente determinadas, formadas a partir da afinidade de um grupo de componentes com um reagente coletor, geralmente um agente precipitante. Esse grupo, assim coletado, pode ter seus componentes paulatinamente separados por reações químicas convenientes. Isso pode ser feito até que se consiga isolar o componente individual, cuja presença pode ser evidenciada através de uma reação química particular, por meio do aparecimento de uma cor bem definida ou pela formação de um precipitado. Esse processo segue grupo a grupo, até que sejam esgotadas as possibilidades de identificação de possíveis cátions e ânions presentes. Esse é o objetivo da análise sistemática.

O fluxograma geral da análise de cátions é apresentado a seguir (Figura 3.1).

Para maior clareza, cada etapa da análise sistemática a seguir foi convencionada por uma notação que visa correlacionar os aspectos teórico-práticos com processos apresentados nos fluxogramas. Por exemplo: P 1.1 significa Processo 1.1 e Nota 1.1.1 refere-se à primeira nota explicativa do Processo 1.1 e Nota 1.1.2 referindo-se à segunda nota explicativa do Processo 1.1.

## Grupo I

O Grupo I é constituído pelos cátions que podem ser separados a partir de uma solução constituída por outros cátions comuns, devido à baixa solubilidade dos cloretos formados por esses íons em solução aquosa. São eles: $Pb^{2+}$, $Ag^+$ e $Hg_2^{2+}$.

```
                          ┌─────────────────┐
                          │ ÍONS EM SOLUÇÃO │
                          └─────────────────┘
                                   │
                      Processo 1   │   HCl 3 mol/L
                   ┌───────────────┴───────────────┐
                   ▼                               ▼
          ┌─────────────────┐            ┌─────────────────┐
          │    GRUPO I      │            │     GRUPOS      │
          │ AgCl, PbCl₂,    │            │   II, III, IV, V│
          │     Hg₂Cl₂      │            │                 │
          └─────────────────┘            └─────────────────┘
```

**GRUPO I**: AgCl, PbCl₂, Hg₂Cl₂

**GRUPOS II, III, IV, V** — Processo 2 | H₂S em meio ácido ajustado

**GRUPO II**: HgS, CuS, CdS, PbS, Bi₂S₃, As₂S₅, Sb₂S₅, SnS₂

**GRUPOS III, IV, V** — Processo 3 | H₂S em meio amoniacal tamponado

**GRUPO III**: Cr(OH)₃, Al(OH)₃, ZnS, FeS, MnS, CoS, NiS

**GRUPOS IV e V** — Processo 4 | (NH₄)₂HPO₄ 0,3 mol/L em meio amoniacal

**GRUPO IV**: MgNH₄PO₄, Ba₃(PO₄)₂, Ca₃(PO₄)₂, Sr₃(PO₄)₂

**GRUPO V**

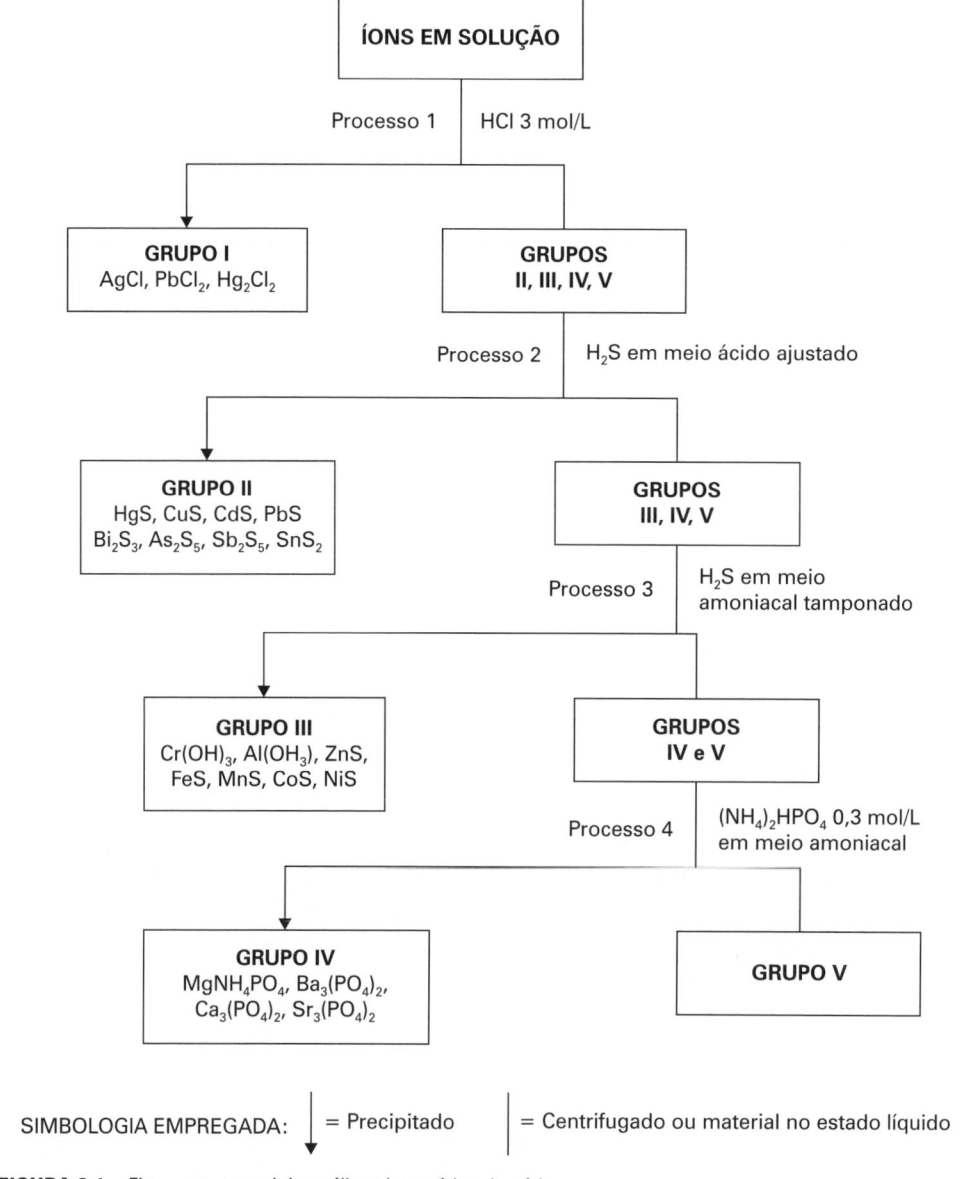

SIMBOLOGIA EMPREGADA: ↓ = Precipitado    | = Centrifugado ou material no estado líquido

**FIGURA 3.1** Fluxograma geral da análise sistemática de cátions.

O cloreto mercuroso (Hg₂Cl₂) é o menos solúvel dos três cloretos formados. O cloreto de chumbo (PbCl₂) é o mais solúvel desse grupo em solução aquosa, sendo, por isso, considerado um precipitado ligeiramente ou moderadamente solúvel. A sua solubilidade aumenta rapidamente com o incremento da temperatura, o que não acontece com os outros dois cloretos, AgCl e Hg₂Cl₂. Portanto, o PbCl₂ pode ser separado dos outros dois precipitados por aquecimento do sistema com água e remoção do centrifugado. No entanto, pode ocorrer de os íons $Pb^{2+}$ não serem completamente removidos na precipitação do Grupo I. Esses fatos podem ser melhor observados na Tabela 3.1 a seguir.

**TABELA 3.1** Propriedades e grandezas relacionadas à solubilidade dos sais pouco solúveis do Grupo I

| Composto | Produtos iônicos | Massas molares (g/mol) | Constantes do produto de solubilidade ($K_{PS}$) | Solubilidade (mol/L) | Solubilidade (g/L) |
|---|---|---|---|---|---|
| $PbCl_2$ | $[Pb^{2+}] \cdot [Cl^-]^2$ | 278,106 | $1,6 \times 10^{-5}$ | 0,0159 | 4,42 |
| $AgCl$ | $[Ag^+] \cdot [Cl^-]$ | 143,321 | $1,8 \times 10^{-10}$ | 0,0000134 | 0,00192 |
| $Hg_2Cl_2$ | $[Hg_2^{2+}] \cdot [Cl^-]^2$ | 472,086 | $1,3 \times 10^{-18}$ | 0,000000687 | 0,000324 |

Na análise sistemática dos cátions do Grupo I o agente precipitante efetivo é o ácido clorídrico, HCl. A vantagem prática do uso de HCl é que o íon $H^+$ pode ser removido da solução pelo simples uso de íons hidroxila. Também, a presença de íons $H^+$ previne a ocorrência de hidrólises que poderiam resultar na formação de compostos hidrolíticos insolúveis, tais como BiOCl e SbOCl.

Um ligeiro excesso de íons cloreto pode provocar uma precipitação quase completa de íons de prata e de chumbo devido ao efeito do íon comum. No entanto, a adição de uma grande quantidade de íons cloreto pode causar a formação de íons complexos, tais como $AgCl_2^-$ e $PbCl_4^{2-}$, solúveis em solução aquosa, conforme a Nota 1.1.1.

### ▶ Processo 1.1

**Precipitação do Grupo I** Adicionar a dez gotas da solução problema, em tubo de centrífuga, duas gotas de HCl 3,0 mol/L (Nota 1.1.1). Centrifugar até que a solução se torne límpida. Verificar se a precipitação se completou, mediante a adição de 1 gota de ácido clorídrico 3,0 mol/L. Se houver turvação, continuar adicionando o reagente até que o mesmo não provoque mais turbidez na solução. Centrifugar o conteúdo do tubo. O centrifugado, também chamado de solução, por conter os cátions dos Grupos II, III, IV e V, é reservado para análise dos mesmos. O precipitado, composto dos cloretos do Grupo I, após ser separado do centrifugado, é lavado com uma mistura de 4 gotas de água com 2 gotas de HCl 3,0 mol/L (Nota 1.2). Centrifugar e desprezar o líquido de lavagem. A análise do precipitado segue mediante o Processo 1.2.

As reações envolvidas são:

$$Pb^{2+}_{(aq)} + 2Cl^-_{(aq)} \rightleftharpoons PbCl_{2\,(s)}$$

$$Ag^+_{(aq)} + Cl^-_{(aq)} \rightleftharpoons AgCl_{(s)}$$

$$Hg_2^{2+}_{(aq)} + 2Cl^-_{(aq)} \rightleftharpoons Hg_2Cl_{2(s)}$$

*Nota 1.1.1*
Quando o HCl 3,0 mol/L é adicionado à solução problema para precipitar o Grupo I, é desejável que haja um leve excesso do reagente. para garantir a precipitação completa. No entanto, uma grande concentração de HCl ou íons Cl⁻ deve ser evitada, pois isso pode aumentar a solubilidade dos cloretos obtidos pela formação dos complexos solúveis:

$$AgCl_{(s)} + Cl^-_{(aq)} \rightleftharpoons AgCl_2^-_{(aq)}$$

$$PbCl_{2(s)} + 2\, Cl^-_{(aq)} \rightleftharpoons PbCl_4^-_{(aq)}$$

*Nota 1.1.2*
O ácido clorídrico é adicionado à água de lavagem para diminuir, através do efeito do íon comum, a solubilidade do cloreto de chumbo.

## ▶ Processo 1.2

Tratar o precipitado branco, obtido no processo anterior, adicionando entre 4 a 6 gotas de água, misturar e aquecer em banho-maria durante 3 minutos. Centrifugar, logo em seguida, transferindo o centrifugado para outro tubo. Repetir o tratamento do precipitado com água sob aquecimento. Centrifugar e reunir os dois centrifugados.

## ▶ Processo 1.3

O centrifugado pode conter íons $Pb^{2+}$. Juntar algumas gotas de solução de cromato de Potássio. O aparecimento de um precipitado amarelo confirma a presença de **chumbo**.
    Reação envolvida é:

$$Pb^{2+}_{(aq)} + CrO_4^{2-}_{(aq)} \rightleftharpoons PbCrO_{4(s)}$$

## ▶ Processo 1.4

O resíduo pode conter AgCl e $Hg_2Cl_2$. Adicionar dez gotas de $NH_4OH$ 3,0 mol/L. Agitar a solução com bastão de vidro e centrifugar. O aparecimento de um precipitado de cor preta indica a presença de **mercúrio**.
    As reações envolvidas são:

$$AgCl_{(s)} + 2\, NH_{3(aq)} \rightleftharpoons Ag(NH_3)_2^+_{(aq)} + Cl^-_{(aq)}$$

$$Hg_2Cl_{2(S)} + 2\, NH_{3(aq)} \rightleftharpoons HgNH_2Cl_{(s)} + Hg_{(s)} + NH_4^+_{(aq)} + Cl^-_{(aq)}$$

## ▶ Processo 1.5

O centrifugado pode conter a prata sob a forma de complexo, $Ag(NH_3)_2^+$. Acidificar com $HNO_3$ 3,0 mol/L. O aparecimento de um precipitado assinala a presença de **prata**.

$$Ag(NH_3)_2^+_{(aq)} \rightleftharpoons Ag^+_{(aq)} + NH_{3(aq)}$$

$$+ \Rightarrow 2\, NH_4^+_{(aq)}$$

$$2\, HNO_{3(aq)} \rightleftharpoons 2\, NO_3^-_{(aq)} + 2\, H^+_{(aq)}$$

$$Ag^+_{(aq)} + Cl^-_{(aq)} \rightleftharpoons AgCl_{(s)}$$

*Nota 1.5.1*
A acidez da solução deve ser testada com papel de tornassol. A precipitação do AgCl em meio ácido (nítrico) ocorre com qualquer concentração de íons prata, porém, em meio básico amoniacal, a precipitação de AgCl dar-se-á somente para concentrações elevadas de cátion prata. O fenômeno pode ser compreendido considerando-se as reações envolvidas:

1. em meio amoniacal estabelece-se o equilíbrio iônico $Ag(NH_3)_2^+{}_{(aq)} \rightleftharpoons Ag^+{}_{(aq)} + 2\,NH_3{}_{(aq)}$, cuja forma predominante é a espécie complexa, $Ag(NH_3)_2^+$, sendo, por consequência, a concentração de íons prata muito baixa;

2. a adição de ácido nítrico até o meio ficar nitidamente ácido perturba o equilíbrio de dissociação da espécie complexa, $Ag(NH_3)_2^+$, conforme o Princípio de Le Chatelier, e desloca o equilíbrio no sentido de aumentar a concentração de íons prata e de amônia, com a consequente remoção dessa última na forma de íons amônio;

3. o aumento da concentração de íons prata em meio ácido e na presença de íons cloreto faz com que o produto iônico do sal pouco solúvel sobrepasse o valor da constante do produto de solubilidade, ocorrendo a formação do precipitado de AgCl.

Logo que o produto iônico $[Ag^+] \cdot [Cl^-]$ ultrapassar o valor da constante do produto de solubilidade do AgCl, aparecerá um precipitado branco de cloreto de prata.

## ▶ Processo 1.6

O resíduo pode conter $HgNH_2Cl$. Lavar com 10 gotas de água. Centrifugar desprezando o líquido de lavagem. Dissolver, sob aquecimento, em água-régia (com 1 gota de $HNO_{3concentrado}$ + 3 gotas de $HCl_{concentrado}$). Diluir com 5 gotas de água destilada. Homogeneizar e dividir em **duas porções** (ver a seguir).

Reações envolvidas:

$$2\,HgNH_2Cl_{(s)} + 2\,NO_3^-{}_{(aq)} + 6\,Cl^-{}_{(aq)} + 4\,H^+{}_{(aq)} \rightleftharpoons 2\,HgCl_4^{2-}{}_{(aq)} + N_{2(g)} + 2\,NO_{(g)} + 4\,H_2O$$

$$3\,Hg_{(s)} + 2\,NO_3^-{}_{(aq)} + 12\,Cl^-{}_{(aq)} + 12\,H^+{}_{(aq)} \rightleftharpoons 3\,HgCl_4^{2-}{}_{(aq)} + 2\,NO_{(g)} + 6\,H_2O$$

*Nota 1.6.1*
O resíduo sólido produzido no tratamento de cloreto mercuroso ($Hg_2Cl_2$) com hidróxido de amônio em excesso deve ser preto, caracterizando a presença de íons mercuroso ($Hg_2^{2+}$), através da seguinte reação:

$$Hg_2Cl_{2(s)} + 2\,NH_{3(aq)} \rightarrow Hg_{(s)} + HgNH_2Cl_{(s)} + NH_4^+{}_{(aq)} + Cl^-{}_{(aq)}$$

Na hipótese de aparecimento de resíduo branco, o fenômeno pode ser atribuído à formação de oxicloreto ou hidróxido de chumbo, que pode ocorrer se a solubilização do cloreto de chumbo em água quente for incompleta. De qualquer forma, se íons $Ag^+$ ou $Pb^{2+}$ não forem encontrados nos testes específicos, é conveniente testar sua presença nesse resíduo sólido branco.

*Nota 1.6.2*
O aparecimento de um precipitado nessa altura da análise, insolúvel em $HNO_3$, pode ser de AgCl, devendo ser testado para a prata, na forma usual. Como o potencial

padrão de redução do par redox $Hg_2^{2+}/Hg^0$ é menor que o do par redox $Ag^+/Ag^0$, quando houver quantidade suficiente de $Hg^0$ no resíduo esse pode reduzir o cátion prata à prata metálica, comprometendo a identificação desse íon.

$$2\,Hg_{(s)} + 2\,AgCl_{(s)} \rightarrow 2\,Ag_{(s)} + Hg_2Cl_{2(s)}$$

Nesse caso, o resíduo deverá ser tratado com água-régia a quente, seguido de diluição com água, centrifugação e dissolução do resíduo com hidróxido de amônio. A reacidificação com $HNO_3$ permitirá a identificação do cátion prata, conforme o processo usual de identificação da prata.

### 1ª porção – Processo 1.7

Adicionar 6 gotas de cloreto estanoso. A formação de um precipitado cinzento em presença de excesso de reagente identifica o mercúrio.

As reações envolvidas são:

$$Hg_2^{2+}{}_{(aq)} + Sn^{4+}{}_{(aq)} + 2Cl^-{}_{(aq)} \rightleftharpoons Hg_2Cl_{2(s)} + Sn^{2+}{}_{(aq)}$$

$$Hg_2Cl_{2(s)} + Sn^{2+}{}_{(aq)} \rightleftharpoons Hg_{(s)} + Sn^{4+}{}_{(aq)} + 2Cl^-{}_{(aq)}$$

### 2ª porção – Processo 1.8

Adicionar 2 gotas de difenilcarbazida. Deixar escorrer KOH 2,0 mol/L em leve excesso pelas paredes do tubo em posição inclinada. A adição de KOH 2,0 mol/L desloca o equilíbrio no sentido de formação dos produtos. O aparecimento de cor azul violeta identifica o mercúrio. Esse teste é muito sensível para o $Hg^{2+}$.

Reação que ocorre:

$$2\,O{=}C\!\!\begin{array}{l}\nearrow NH\text{-}NH\text{-}C_6H_5\\ \searrow NH\text{-}NH\text{-}C_6H_{5(aq)}\end{array} + Hg^{2+}{}_{(aq)} \rightleftharpoons Hg\left[O{=}C\!\!\begin{array}{l}\nearrow NH\text{-}N\text{-}C_6H_5\\ \searrow NH\text{-}NH\text{-}C_6H_5\end{array}\right]_{2(aq)} + 2\,H^+{}_{(aq)}$$

difenilcarbazida            quelato azul violeta

# Grupo II

Depois que os íons do Grupo I foram removidos como cloretos por filtração, os íons do Grupo II podem ser separados a partir de outros cátions comuns em uma solução aquosa na forma de sulfetos, os quais são insolúveis em solução ácida. Nessas condições, a oferta de íons sulfeto ($S^{2-}$) é muito baixa, e somente precipitam os sulfetos metálicos mais insolúveis. São eles: $Hg^{2+}$, $Pb^{2+}$, $Cu^{2+}$, $Cd^{2+}$, $Bi^{3+}$, $As^{3+}$, $Sb^{3+}$ e $Sn^{2+}$.

Os íons do Grupo I também formam sulfetos insolúveis com o agente precipitante do Grupo II, o íon sulfeto. Contudo, íons prata ($Ag^+$) e mercuroso ($Hg_2^{2+}$) devem ter sido removidos inteiramente na forma de cloretos insolúveis, por precipitação, na separação do Grupo I. No entanto, íons chumbo ($Pb^{2+}$) podem não ter sido removidos totalmente no processo de separação de Grupo I devido ao cloreto

Capítulo 3 ♦ Análise sistemática de cátions

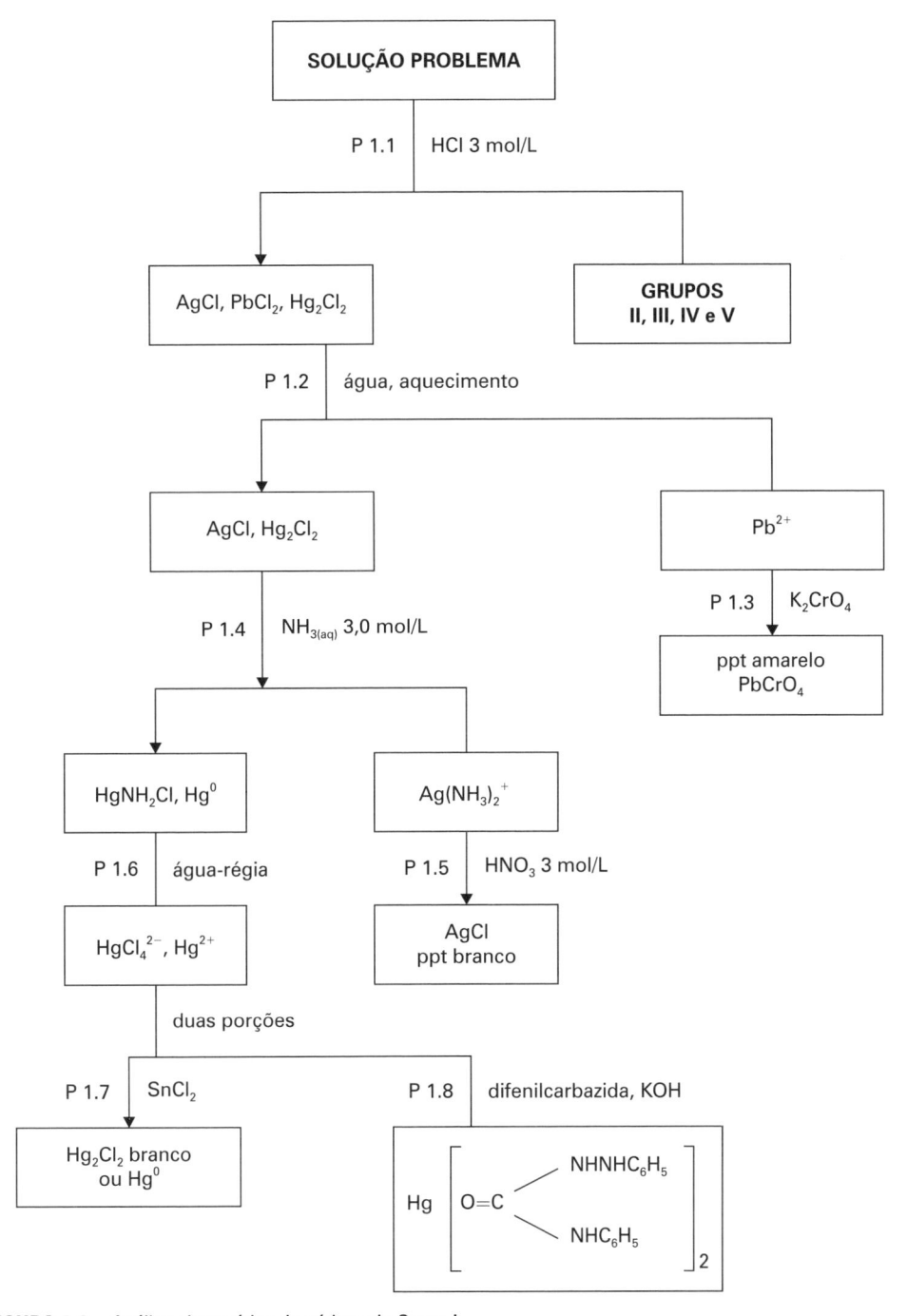

```
                    ┌──────────────────┐
                    │ SOLUÇÃO PROBLEMA │
                    └────────┬─────────┘
                             │
                      P 1.1 │ HCl 3 mol/L
                             │
              ┌──────────────┴──────────────┐
              ▼                             ▼
    ┌──────────────────────┐      ┌──────────────────┐
    │ AgCl, PbCl₂, Hg₂Cl₂ │      │     GRUPOS       │
    └──────────┬───────────┘      │  II, III, IV e V │
               │                  └──────────────────┘
        P 1.2 │ água, aquecimento
               │
        ┌──────┴──────────────────────┐
        ▼                             ▼
  ┌──────────────┐              ┌──────────┐
  │ AgCl, Hg₂Cl₂ │              │  Pb²⁺    │
  └──────┬───────┘              └─────┬────┘
         │                             │
         │                      P 1.3 │ K₂CrO₄
         │                             ▼
         │                     ┌────────────────┐
         │                     │  ppt amarelo   │
         │                     │    PbCrO₄      │
         │                     └────────────────┘
  P 1.4 │ NH₃(aq) 3,0 mol/L
         │
    ┌────┴──────────────┐
    ▼                   ▼
┌──────────────┐   ┌──────────────┐
│ HgNH₂Cl, Hg⁰ │   │ Ag(NH₃)₂⁺    │
└──────┬───────┘   └──────┬───────┘
       │                   │
 P 1.6 │ água-régia  P 1.5│ HNO₃ 3 mol/L
       ▼                   ▼
┌──────────────┐    ┌──────────────┐
│ HgCl₄²⁻, Hg²⁺│    │  AgCl        │
└──────┬───────┘    │  ppt branco  │
       │            └──────────────┘
   duas porções
   ┌───┴────────────┐
   ▼                ▼
P 1.7 SnCl₂    P 1.8 difenilcarbazida, KOH
   │                │
   ▼                ▼
┌──────────────┐  ┌────────────────────────────────┐
│ Hg₂Cl₂ branco│  │        ⎡        ╱ NHNHC₆H₅ ⎤   │
│   ou Hg⁰     │  │ Hg     ⎢ O=C              ⎥   │
└──────────────┘  │        ⎣        ╲ NHC₆H₅  ⎦₂  │
                  └────────────────────────────────┘
```

**FIGURA 3.2** Análise sistemática de cátions do Grupo I.

de chumbo ($PbCl_2$) ser ligeiramente solúvel em solução aquosa. Assim, alguns íons chumbo podem estar presentes no filtrado, a partir do Grupo I, e podem ser precipitados no Grupo II como sulfeto de chumbo de coloração preta.

Os sulfetos metálicos do Grupo II possuem constante do produto de solubilidade ($K_{PS}$) muito baixa e são insolúveis em HCl 3,0 mol/L. A acidez elevada pode comprometer a precipitação dos sulfetos de cádmio, de chumbo e de estanho IV. Os outros membros do grupo não oferecem dificuldades. Durante a precipitação do grupo adiciona-se 1 gota de ácido nítrico para oxidar íons $Sn^{2+}$ a $Sn^{4+}$.

Após a precipitação do grupo em meio ácido, utilizando como agente coletor a tioacetamida – única fonte de íons sulfetos em solução aquosa – ocorre a dissolução parcial dos sulfetos metálicos do Grupo II por tratamento com hidróxido de potássio 2,0 mol/L. Dessa forma, são formados dois novos subgrupos: subgrupo II-A e subgrupo II-B. O primeiro tem características básicas semelhantes às dos óxidos e hidróxidos desses metais, e é constituído por sulfetos metálicos insolúveis de HgS, PbS, CuS, CdS, $Bi_2S_3$. O subgrupo II-B tem características ácidas, assim como seus óxidos e hidróxidos, e é constituído por tioânions e oxiânions solúveis, tais como $AsS_4^{3-}$, $SbS_4^{3-}$, $SnS_3^{2-}$ e $AsO_4^{3-}$, $SbO_4^{3-}$, $SnO_3^{2-}$.

### ▶ Processo 2.1

**Precipitação do Grupo II** Recolher, em tubo de centrífuga, o centrifugado separado na precipitação do Grupo I (Processo 1.1). Adicionar 1 gota de $HNO_3$ 3,0 mol/L (Nota 2.1.1). Aquecer em banho-maria por 3 minutos. Acrescentar $NH_4OH$ 3,0 mol/L até que a solução torne-se levemente alcalina ao papel tornassol (se a adição de cinco gotas não registrar mudança de coloração no papel, passar a adicionar $NH_4OH_{concentrado}$). Juntar HCl 3,0 mol/L gota a gota até ficar levemente ácida. Adicionar 1 gota de $HCl_{concentrado}$ (Nota 2.1.2) (Nota 2.1.3). Adicionar 10 gotas da solução de tioacetamida e aquecer. Homogeneizar com bastão de vidro, continuando o aquecimento por 5 minutos em banho-maria (Nota 2.1.4). Adicionar água até triplicar o volume. Juntar mais 5 gotas de tioacetamida e repetir o aquecimento por mais 5 minutos. Centrifugar. Verificar se a precipitação foi completa, adicionando 5 gotas de tioacetamida e aquecendo por 2 minutos, sem agitação. Repetir a operação de verificação da precipitação completa se necessário (Nota 2.1.5) e (Nota 2.1.6).

O precipitado obtido contém os sulfetos dos cátions do Grupo II e é tratado de acordo com o Processo 2.2. O centrifugado, que contém os Grupos III, IV e V, deve ser aquecido em banho-maria, até a expulsão total do $H_2S$ (Nota 2.1.7). Reservar o centrifugado para análise dos cátions do Grupo III.

As reações envolvidas são:

$$Hg^{2+}_{(aq)} + S^{2-}_{(aq)} \rightleftharpoons HgS_{(s)} \quad \text{(preto)}$$

$$Cu^{2+}_{(aq)} + S^{2-}_{(aq)} \rightleftharpoons CuS_{(s)} \quad \text{(preto)}$$

$$Cd^{2+}_{(aq)} + S^{2-}_{(aq)} \rightleftharpoons CdS_{(s)} \quad \text{(preto)}$$

$$2\,Bi^{3+}_{(aq)} + 3\,S^{2-}_{(aq)} \rightleftharpoons Bi_2S_{3(s)} \quad \text{(marrom)}$$

$$Pb^{2+}_{(aq)} + S^{2-}_{(aq)} \rightleftharpoons PbS_{(s)} \quad \text{(preto)}$$

$$2\,As^{5+}_{(aq)} + 5\,S^{2-}_{(aq)} \rightleftharpoons As_2S_{5(s)} \quad \text{(amarelo)}$$

$$2\,Sb^{5+}_{(aq)} + 5\,S^{2-}_{(aq)} \rightleftharpoons Sb_2S_{5(s)} \quad \text{(laranja)}$$

$$Sn^{4+}_{(aq)} + 2\,S^{2-}_{(aq)} \rightleftharpoons SnS_{2(s)} \quad \text{(amarelo)}$$

*Nota 2.1.1*
A adição de $HNO_3$ tem por finalidade oxidar o íon $Sn^{2+}$ a $Sn^{4+}$. O íon estanoso $Sn^{2+}$ é demasiadamente básico, dificultando a solubilização de seu sulfeto em bases fortes. Com o aumento do número de oxidação de +2 para +4, a espécie iônica torna-se mais ácida, de modo que o $SnS_2$ solubiliza-se facilmente em KOH.

*Nota 2.1.2*
É possível que apareça um precipitado branco antes da precipitação do grupo devido à hidrólise dos possíveis compostos de Sb e Bi. Caso isso ocorra, os oxicloretos de Sb e Bi serão convertidos nos seus respectivos sulfetos ao se adicionar o reagente coletor do grupo.

*Nota 2.1.3*
No momento da adição do reagente coletor do grupo é necessário que a solução apresente uma acidez adequada, a fim de que todos os cátions do grupo estejam contidos no precipitado que se formará. Caso a solução seja demasiadamente ácida, pode não haver precipitação dos sulfetos de Cd, Pb e Sn. Se a acidez for baixa, os sulfetos dos cátions do Grupo III, tais como Zn, Ni e Co, poderão precipitar parcialmente, juntamente com os do Grupo II.

*Nota 2.1.4*
Como reagente gerador de íons sulfeto, emprega-se a tioacetamida, que, por hidrólise a quente, produz $H_2S$ em solução aquosa segundo a equação:

$$CH_3CSNH_{2(aq)} + 2H_2O \rightleftharpoons CH_3COO^-_{(aq)} + H_2S_{(aq)} + NH_4^+_{(aq)}$$

$$H_2S_{(aq)} \rightleftharpoons HS^-_{(aq)} + H^+_{(aq)}$$

$$HS^-_{(aq)} \rightleftharpoons S^{2-}_{(aq)} + H^+_{(aq)}$$

O aquecimento prévio da solução torna mais rápida a precipitação do $As_2S_5$.
O caráter anfótero do As(V) pode ser observado através dos seguintes equilíbrios:

$$3H^+_{(aq)} + AsO_4^{3-}_{(aq)} \rightleftharpoons H_3AsO_{4(aq)} + H_2O \rightleftharpoons As(OH)_{5(aq)} \rightleftharpoons As^{5+}_{(aq)} + 5OH^-_{(aq)}$$

As espécies $AsO_4^{3-}$, $H_3AsO_4$, $As(OH)_5$ e $As^{5+}$ estão simultaneamente presentes na solução, e a predominância de concentração de uma delas sobre as demais depende da concentração de íons $H^+$. O meio deverá ser fortemente ácido para que a concentração de $As^{5+}$ seja sensível, facilitando assim a precipitação do $As_2S_5$. O aquecimento contribui no mesmo sentido por promover a coagulação.

*Nota 2.1.5*
A coloração dos sulfetos precipitados pode prestar informações úteis. Quando o precipitado for preto pode indicar a presença de sulfetos de Hg, Cu, Pb e Bi. O Hg pode também formar precipitado branco de $2HgS \cdot Hg(NO_3)_2$ que enegrece pelo acréscimo de mais $H_2S$. Um precipitado amarelo é indicativo da presença de sulfetos de As, Sb, Sn ou Cd. O sulfeto de antimônio é geralmente alaranjado, o de arsênio é amarelo brilhante, o de chumbo, mesmo a frio, é preto.

## Nota 2.1.6

Na precipitação do Grupo II é possível, mesmo na ausência de cátions desse grupo, obter-se um precipitado branco finamente dividido. Esse precipitado pode ser causado pela oxidação do íon sulfeto a enxofre elementar por causa da presença de alguns íons como $Fe^{3+}$, $NO_3^-$, $CrO_4^{2-}$ e $MnO_4^-$ originalmente presentes ou remanescentes de etapas anteriores.

## Nota 2.1.7

O aquecimento é feito para expulsar os vapores de $H_2S$, impedindo que o sulfeto se oxide, lentamente, em repouso a sulfato. A formação de íons sulfato causaria a precipitação de componentes do Grupo IV juntamente com os do Grupo II, mais especificamente o bário. Se a análise do Grupo III for efetuada logo em seguida, essa operação poderá ser omitida.

## ▶ Processo 2.2

**Separação dos subgrupos II-A e II-B** Lavar o precipitado obtido no processo anterior com uma solução contendo 10 gotas de água, 4 gotas de tioacetamida e 1 gota de solução saturada de cloreto de amônio sob aquecimento por 1 minuto (Nota 2.2.1). Centrifugar e desprezar o líquido de lavagem. Tratar o resíduo com 4 gotas de hidróxido de potássio 2,0 mol/L, agitar, aquecer em banho-maria durante 2 minutos e centrifugar (Nota 2.2.2). Transferir o centrifugado (c1) para outro tubo. Tratar novamente o resíduo com 4 gotas de hidróxido de potássio 2,0 mol/L, agitar, aquecer e centrifugar. Separar esse centrifugado (c2), que deve ser incorporado ao centrifugado anterior (c1).

O centrifugado, (c1 + c2), constitui o subgrupo II-B, formado pelos tioânions e oxitioânions dos elementos As, Sb e Sn, e é analisado segundo o Processo 2.16.

O resíduo insolúvel em KOH constitui o subgrupo II-A, formado pelos sulfetos de Hg, Bi, Pb, Cu e Cd, e é analisado de acordo com o Processo 2.3.

## Nota 2.2.1

O precipitado do Grupo II, constituído de sulfetos, poderá oxidar-se parcialmente aos respectivos sulfatos que, por serem solúveis, se perdem no líquido de lavagem. A adição de $H_2S$ ao líquido de lavagem impede a oxidação dos sulfetos. Além disso, adiciona-se cloreto de amônio ao líquido de lavagem para manter o precipitado na forma coagulada, evitando a peptização e a consequente dispersão coloidal que dificulta a separação do precipitado por filtração ou centrifugação.

## Nota 2.2.1

A separação dos sulfetos do subgrupo II-A em relação aos sulfetos do subgrupo II-B deve-se à insolubilidade dos primeiros e à solubilidade dos segundos em bases fortes (como KOH). Os óxidos ácidos se caracterizam por formar ácidos com água e sais com bases. Em virtude de o oxigênio e o enxofre ocuparem posições próximas no mesmo grupo da tabela periódica, esses elementos apresentam propriedades gerais semelhantes. Por isso, os compostos de enxofre apresentam reações similares às dos compostos dos mesmos elementos com oxigênio. Assim, os sulfetos de As, Sb e Sn apresentam comportamento químico semelhante ao de óxidos ácidos, porque o enxofre está situado abaixo do oxigênio na tabela periódica:

$$4\,As_2S_{5(s)} + 24\,OH^-_{(aq)} \rightleftharpoons 3\,AsO_4^{3-}{}_{(aq)} + 5\,AsS_4^{3-}{}_{(aq)} + 12\,H_2O$$

Por outro lado, considerando os sulfetos do subgrupo II-A, exceto o de chumbo, os demais são básicos e, portanto, insolúveis em bases. A basicidade desses sulfetos é maior do que a que ocorre com os respectivos óxidos, não sendo possível prever sua solubilização em KOH. Mesmo não sendo muito básico, o PbS não é suficientemente ácido para dissolver-se em KOH e, por isso, integra o subgrupo II-A. Os seis sulfetos metálicos do subgrupo II-B possíveis de serem formados ($As_2S_3$, $As_2S_5$, $Sb_2S_3$, $Sb_2S_5$, SnS e $SnS_2$) têm sua solubilidade aumentada de acordo com suas características ácidas. O $As_2S_5$, por ser o mais ácido, é o mais solúvel em KOH, enquanto o SnS é o menos solúvel. Por essa razão, antes da precipitação dos sulfetos, é conveniente oxidar o íon $Sn^{2+}$ a $Sn^{4+}$ com $HNO_3$, conforme Processo 2.2.

### ▶ Processo 2.3

**Análise do subgrupo II-A**   Lavar o resíduo do processo 2.2 com 10 gotas de água (Nota 2.3.1), centrifugar e desprezar o líquido de lavagem. Adicionar, então, ao resíduo assim lavado 5 gotas de ácido nítrico 3,0 mol/L (Nota 2.3.2) mais 1 gota de $HNO_{3concentrado}$, agitar e aquecer em banho-maria por 3 minutos, centrifugar e guardar o centrifugado para o Processo 2.7.

*Nota 2.3.1*
A lavagem com água é feita com o objetivo de diminuir a alcalinidade provocada pelo KOH.

*Nota 2.3.2*
A adição de $HNO_3$ provoca a solubilização dos sulfetos de Pb, Bi, Cu, Cd:

$$3\,PbS_{(s)} + 2\,NO_3^-{}_{(aq)} + 8\,H^+{}_{(aq)} \rightleftharpoons 3\,Pb^{2+}{}_{(aq)} + 3\,S^0 + 2\,NO_{(g)} + 4\,H_2O$$

A solubilização em ácido forte não oxidante (HCl, por exemplo) não ocorre devido ao baixo valor do $K_{PS}$ desses sulfetos, dificultando a formação de $H_2S$.

### ▶ Processo 2.4

O resíduo do Processo 2.3 pode conter também HgS preto ou então 2 HgS · $Hg(NO_3)_2$ branco. Dissolver em água-régia (1 gota de $HNO_{3concentrado}$ + 3 gotas de $HCl_{concentrado}$) por aquecimento. Diluir com 5 gotas de água, homogeneizar e dividir em **duas porções** (a seguir).

*Nota 2.4.1*
O $HNO_3$ não é oxidante satisfatório para dissolver o HgS. Recomenda-se o emprego de água-régia (HCl + $HNO_3$), que alia as propriedades oxidantes do íon nitrato às propriedades complexantes do cloreto sobre mercúrio II:

$$3HgS_{(s)} + 2NO_{3(aq)}^- + 12Cl^-{}_{(aq)} + 8H^+{}_{(aq)} \rightleftharpoons 3HgCl_4^{2-}{}_{(aq)} + 3S^0 + 2NO_{(g)} + 4H_2O$$

*Nota 2.4.2*
O resíduo preto insolúvel não é devido exclusivamente ao HgS, podendo provir de outros sulfetos, tais como o de cobre – que se incorpora às pequenas quantidades de enxofre elementar na reação com $HNO_3$. Às vezes, forma-se um resíduo branco contendo Hg em presença de $HNO_3$ concentrado ou por aquecimento muito prolongado. O produto resultante tem fórmula 2 HgS · $Hg(NO_3)_2$. Em qualquer circunstância, o teste para mercúrio deve ser realizado.

### 1ª porção – Processo 2.5

Adicionar até seis gotas de $SnCl_2$ à primeira porção do Processo 2.4. O aparecimento de um precipitado branco, que se torna cinzento sob a adição de excesso de $SnCl_2$ indica a presença de mercúrio (conforme reação mostrada no Processo 1.7).

### 2ª porção – Processo 2.6

Adicionar 2 gotas de difenilcarbazida à segunda porção do Processo 2.4. Pelas paredes do tubo inclinado, deixar escorrer KOH ou $Na_2CO_3$ em excesso. Em presença de íons $Hg^{2+}$ forma-se uma coloração violeta (conforme reação mostrada no Processo 1.8).

### ▶ Processo 2.7

O centrifugado do Processo 2.3 pode conter íons $Cu^{2+}$, $Cd^{2+}$, $Pb^{2+}$, $Bi^{3+}$. Adicionar $NH_3$ concentrado até o meio ficar nitidamente alcalino e centrifugar. Separar o centrifugado para análise nos Processos 2.13, 2.14 e 2.15. Lavar o resíduo com 5 gotas de água, centrifugar e reunir o líquido de lavagem ao centrifugado.

*Nota 2.7*

Pb e Bi precipitam respectivamente como hidroxinitrato de chumbo e nitrato de bismutila, enquanto Cu e Cd permanecem em solução como íons complexos:

$$Pb^{2+}_{(aq)} + NH_{3(aq)} + NO_3^-{}_{(aq)} + H_2O \rightleftharpoons PbOHNO_{3(s)} + NH_4^+{}_{(aq)}$$

$$Bi^{3+}_{(aq)} + 2\, NH_{3(aq)} + NO_3^-{}_{(aq)} + H_2O \rightleftharpoons BiONO_{3(s)} + 2\, NH_4^+{}_{(aq)}$$

$$Cu^{2+}_{(aq)} + 4\, NH_{3(aq)} \rightleftharpoons Cu(NH_3)_4^{2+}{}_{(aq)}$$

$$Cd^{2+}_{(aq)} + 4\, NH_{3(aq)} \rightleftharpoons Cd(NH_3)_4^{2+}{}_{(aq)}$$

### ▶ Processo 2.8

O resíduo do Processo 2.7 pode conter $Pb(OH)NO_3$ e $BiONO_3$. Adicionar 5 gotas de KOH 2,0 mol/L, agitar, aquecer e centrifugar. Separar o centrifugado. Adicionar mais 2 gotas de KOH 2,0 mol/L ao resíduo, aquecer, diluir com 4 gotas de água. Centrifugar e adicionar o líquido ao centrifugado anterior.

*Nota 2.8*

O hidroxinitrato de chumbo é anfótero e dissolve-se em KOH, formando íons plumbito:

$$PbOHNO_{3(s)} + 2\, OH^-{}_{(aq)} \rightleftharpoons HPbO_2^-{}_{(aq)} + H_2O + NO_3^-{}_{(aq)}$$

O nitrato de bismutila não se dissolve em KOH, convertendo-se em hidróxido de bismutila:

$$BiONO_{3(s)} + OH^-{}_{(aq)} \rightleftharpoons BiOOH_{(s)} + NO_3^-{}_{(aq)}$$

### ▶ Processos 2.9 e 2.10

O resíduo do Processo 2.8 pode ser BiOOH. Lavar com água. Desprezar o líquido de lavagem. Dissolver em 1 gota de $HCl_{concentrado}$. Adicionar 10 gotas do reagente formado por cinchonina/iodeto de potássio. O aparecimento de um precipitado intensamente alaranjado caracteriza o **bismuto**.

*Nota 2.9 e 2.10*
O teste é mais bem observado em acidez não muito elevada, por isso o BiOOH deve ser dissolvido na menor quantidade possível de HCl. A cinchonina é uma substância básica que forma sais com os ácidos.

$$H^+_{(aq)} + B_{(aq)} \rightleftharpoons BH^+_{(aq)} \quad (B = \text{cinchonina})$$

$$BH^+_{(aq)} + 4\,I^-_{(aq)} + Bi^{3+}_{(aq)} \rightleftharpoons Bi(BH)I_{4(s)}$$

### ▶ Processos 2.11 e 2.12

O centrifugado do Processo 8 pode conter Pb como íon plumbito ($HPbO_2^-$). Acidificar fracamente com ácido acético 3,0 mol/L. Adicionar $K_2CrO_4$. Um precipitado amarelo caracteriza o **chumbo**.

Reações envolvidas:

$$HPbO_2^-{}_{(aq)} + 3\,H^+_{(aq)} \rightleftharpoons Pb^{2+}_{(aq)} + 2\,H_2O$$

$$Pb^{2+}_{(aq)} + CrO_4^{2-}{}_{(aq)} \rightleftharpoons PbCrO_{4(s)}$$

O centrifugado do Processo 2.7 pode conter $Cu^{2+}$ e $Cd^{2+}$ sob a forma de íons complexos. Uma coloração azul forte indica a presença de cobre. Dividir em **duas porções**.

### 1ª porção – Processo 2.13

Adicionar 10 gotas de água destilada e 4 gotas de alfa-benzoinoxima na primeira porção. A formação de um precipitado verde amarelado mostra presença do **cobre**.

Reação que ocorre:

$$Cu^{2+}_{(aq)} + \underset{\underset{OH\quad NOH}{|\quad\;\;\;||}}{C_6H_5-CH-C-C_6H_{5(org)}} \rightleftharpoons \underset{\underset{\underset{Cu}{O\cdots\cdots NO}}{|\quad\;\;\;||}}{C_6H_5-CH-C-C_6H_{5(s)}} + 2H^+_{(aq)}$$

*Nota 2.13*
O precipitado verde de cobre com alfa-benzoinoxima ($Cu(C_{14}H_{11}O_2N)$) não é muito nítido para baixas concentrações de $Cu^{2+}$. Nesse caso, convém centrifugar e observar o precipitado verde separado no fundo do tubo.

### 2ª porção – Processos 2.14 e 2.15

Adicionar uma ou duas gotas de KCN 1,0 mol/L na segunda porção do centrifugado obtido no Processo 2.7 para descorá-la (Nota 2.14 e 2.15). Adicionar 5 gotas de tioacetamida e aquecer. Um precipitado amarelo indica a presença de **cádmio**.

Reações envolvidas:

$$Cu(NH_3)_4^{2+}{}_{(aq)} + 3\,CN^-_{(aq)} \rightleftharpoons Cu(CN)_3^{2-}{}_{(aq)}$$

$$Cd(NH_3)_4^{2+}{}_{(aq)} + 4\,CN^-_{(aq)} \rightleftharpoons Cd(CN)_4^{2-}{}_{(aq)}$$

$$Cu(CN)_3^{2-}{}_{(aq)} \rightleftharpoons Cu^+_{(aq)} + 3\,CN^-_{(aq)} \qquad K_{Inst} \approx 10^{-28} \text{ ou } K_{est} \approx 10^{28}$$

$$Cd(CN)_4^{2-}{}_{(aq)} \rightleftharpoons Cd^{2+}{}_{(aq)} + 4\,CN^-{}_{(aq)} \qquad K_{Inst} \approx 10^{-18} \text{ ou } K_{est} \approx 10^{18}$$

$$Cd(CN)_4^{2-}{}_{(aq)} + S^-{}_{(aq)} \rightleftharpoons CdS_{(s)} + 4\,CN^-{}_{(aq)}$$

*Nota 2.14 e 2.15*
Em presença de KCN o íon complexo tetramincobre (II) converte-se na espécie $Cu(CN)_3^{2-}$ muito estável que não produz CuS nem $Cu_2S$ em presença de sulfeto. No que diz respeito ao tetramincádmio, o mesmo é convertido para $Cd(CN)_4^{2-}$ muito menos estável do que o correspondente cianeto de cobre. Dessa maneira, o tetracianocadmiato, ao sofrer dissociação, fornece quantidade suficiente de íons $Cd^{2+}$ à solução de modo a precipitar sulfeto de cádmio (amarelo) em presença de sulfeto. É possível, então, afirmar que o KCN impede a interferência do íon cúprico.

## Observação

Se o precipitado formado for preto, significa que estão presentes cátions cujos sulfetos são pretos. Para testar a presença de Cd neste precipitado, proceder como segue: centrifugar e desprezar o centrifugado. Lavar o resíduo com 5 gotas de água, centrifugar e desprezar o líquido de lavagem. Adicionar 10 gotas de $H_2SO_4$ 1,5 mol/L e aquecer por 5 minutos. Centrifugar e desprezar o resíduo. Neutralizar o centrifugado com $NH_4OH$ concentrado. Acidificar fracamente com ácido acético 3,0 mol/L, acrescentar tioacetamida e aquecer. O aparecimento de precipitado amarelo significa a presença de cádmio.

### ▶ Processo 2.16

**Análise do subgrupo II-B** Ao centrifugado do Processo 2.2, contendo os íons do subgrupo II-B, adicionar HCl 3,0 mol/L até ficar levemente ácido (Nota 2.16), centrifugar e desprezar o centrifugado. Adicionar 6 gotas de HCl concentrado ao precipitado, aquecer e agitar durante 3 min e centrifugar. Remover o centrifugado para um tubo de ensaio (c1). Tratar o resíduo com uma mistura de 4 gotas de água e 4 gotas de HCl concentrado sob aquecimento. Centrifugar (c2). Juntar os centrifugados (c2 ao c1) para análise nos processos 2.21, 2.22 e 2.23. Homogeneizar (Nota 2.17).

*Nota 2.16*
Quando uma solução básica, formada pelos tioânions e oxiânions de As, Sb e Sn for acidificada com HCl diluído, poderão formar-se os ácidos correspondentes que, reagindo entre si, formam os sulfetos pouco solúveis:

$$AsS_4^{3-}{}_{(aq)} + 3\,H^+{}_{(aq)} \rightleftharpoons H_3AsS_{4(aq)}$$

$$AsO_4^{3-}{}_{(aq)} + 3\,H^+{}_{(aq)} \rightleftharpoons H_3AsO_{4(aq)}$$

$$5\,H_3AsS_{4(aq)} + 3\,H_3AsO_{4(aq)} \rightleftharpoons 4\,As_2S_{5(s)} + 12\,H_2O$$

A não formação de precipitado nesse momento significa a ausência do subgrupo II-B.

*Nota 2.17*
A separação do As em relação ao Sb e Sn baseia-se nos valores das constantes de produto de solubilidade de seus sulfetos, sendo o produto de solubilidade do sulfeto arsênio bem menor. O pentassulfeto de arsênio pode dissolver-se ligeiramente em HCl, mas não o suficiente para que possa interferir nos testes de Sb e Sn.

▶ **Processos 2.18, 2.19 e 2.20**

O resíduo do Processo 2.16 pode conter sulfeto de arsênio (Nota 2.18). Dissolvê-lo em 1 gota de ácido nítrico concentrado sob aquecimento e adicionar 5 a 10 gotas de molibdato de amônio. Aquecer em banho-maria durante 3 minutos, diluir a 5 mL e esfriar na água. Adicionar 2 gotas de cloreto estanoso (Nota 2.19). A formação de uma coloração azul indica a presença de **arsênio**.

Reações envolvidas:

$$As_2S_{5(s)} + 10\ NO_3^-{}_{(aq)} + 4\ H^+{}_{(aq)} \rightleftharpoons 2\ AsO_4^{3-}{}_{(aq)} + 10\ NO_{2(g)} + 5\ S^0 + 2\ H_2O$$

$$AsO_4^{3-}{}_{(aq)} + 12\ MoO_4^{2-}{}_{(aq)} + 3\ NH_4^+{}_{(aq)} + 24\ H^+ \rightleftharpoons (NH_4)_3[As(Mo_{12}O_{40})] \cdot 12\ H_2O_{(aq)}$$

$$(NH_4)_3[As(Mo_{12}O_{40})] \cdot 12\ H_2O_{(aq)} + Sn^{2+}{}_{(aq)} \rightleftharpoons Sn^{4+}{}_{(aq)} +$$
óxidos azuis de molibdênio de composição variável ($Mo_xO_y$)

*Nota 2.18*
Quando houver grande quantidade de sulfeto de Sb ou Sn, na solubilização em HCl concentrado pode restar algum resíduo sólido desses sulfetos. A coloração do resíduo poderá dar alguma indicação sobre sua composição provável. A cor laranja do resíduo indica a presença de sulfeto de Sb.

*Nota 2.19*
Após o aquecimento em banho-maria, é necessário diluir a solução pelo menos a 3 mL e esfriá-la bem antes da realização do teste. A cor azul não é muito pronunciada se a solução for muito ácida ou quente. Essa cor azul deve-se à redução do arseno-molibdato de amônio dodecahidratado, $(NH_4)_3[As(Mo_{12}O_{40})] \cdot 12\ H_2O$, a óxidos de molibdênio, de composição não muito definida, efetuada pelo íon estanoso. Basicamente, as reações de identificação do As e do Sn são as mesmas.

O centrifugado do Processo 2.16 pode conter íons $Sb^{3+}$ e $Sn^{4+}$. Dividir em **duas porções**.

### 1ª porção – Processos 2.21 e 2.22

Adicionar 0,05 g de $NaNO_2$, vagarosamente, e depois, 2 gotas de HCl 3,0 mol/L (Nota 2.21). A duas gotas dessa solução, colocadas na cavidade de uma placa de porcelana, adicionar 2 gotas de Rodamina-B (RB) (Nota 2.22). O aparecimento de cor violeta identifica o **antimônio**.

*Nota 2.21*
Na solubilização do $Sb_2S_5$ em HCl concentrado ocorre igualmente redução do íon $Sb^{5+}$ a $Sb^{3+}$ à custa do íon sulfeto:

$$Sb_2S_{5(s)} + 6\ H^+{}_{(aq)} \rightarrow 2\ Sb^{3+}{}_{(aq)} + 2\ S^0 + 3\ H_2S_{(aq)}$$

*Nota 2.22*
Para que o Sb seja identificado pela rodamina-B, o mesmo deve ser previamente oxidado a Sb(V) por meio de $NaNO_2$:

$$Sb^{3+}{}_{(aq)} + 2\ NO_2^-{}_{(aq)} + 6\ Cl^-{}_{(aq)} + 4\ H^+{}_{(aq)} \rightleftharpoons SbCl_6^-{}_{(aq)} + 2\ NO_{(g)} + 2\ H_2O$$

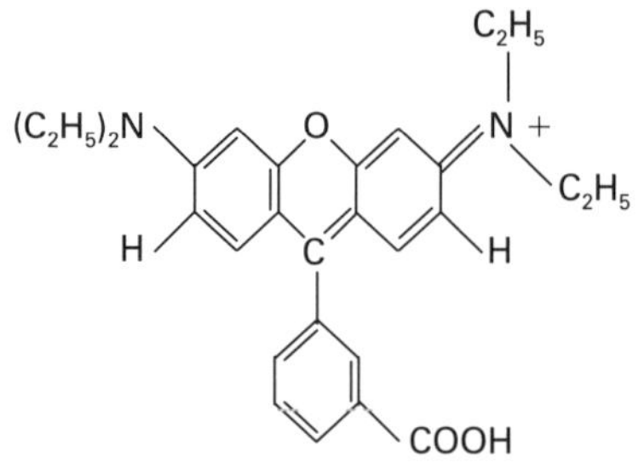

(tetraetilrodamina)

**FIGURA 3.3**   Rodamina-B (RB).

O excesso de nitrito não deve ser demasiado, para evitar que o teste seja positivo independentemente da presença de antimônio.

$$RB_{(aq)} + H_3O^+_{(aq)} \rightleftharpoons RBH^+_{(aq)} + H_2O$$

$$SbCl_6^-{}_{(aq)} + RBH^+_{(aq)} \rightleftharpoons [SbCl_6^- RBH^+]_{(aq)}$$

Em presença de antimônio, surge uma delgada suspensão de cristais de um sal de cátion orgânico do corante e do ânion $SbCl_6^-$ – sal que, por transparência, tem uma coloração violeta. Na ausência de antimônio, a solução tem uma coloração verde-amarelada.

### 2ª porção – Processo 2.23

Dobrar o volume da porção com HCl 3,0 mol/L. Colocar uma tira de magnésio de 2 cm de comprimento no fundo do tubo, conservando-o nessa posição com o bastão de vidro até a dissolução completa (Nota 2.23). Analisar a solução resultante conforme os Processsos 2.24 e 2.25.

*Nota 2.23*
O magnésio é usado para reduzir o $Sn^{4+}$ a $Sn^{2+}$. Nas mesmas condições, o íon $Sb^{3+}$ reduz-se a Sb metálico:

$$Sn^{4+}_{(aq)} + Mg_{(s)} \rightarrow Sn^{2+}_{(aq)} + Mg^{2+}_{(aq)}$$

$$2\,Sb^{3+}_{(aq)} + 3\,Mg_{(s)} \rightarrow 2\,Sb_{(s)} + 3\,Mg^{2+}_{(aq)}$$

É necessário que o Sb seja integralmente separado da solução porque o íon $Sb^{3+}$ reage com o ácido fosfomolíbdico, assim como o íon $Sn^{2+}$. Da mesma forma, o Mg deve ser completamente dissolvido para que não haja interferência.

### ▶ Processo 2.24

Adicionar três gotas de cloreto mercúrico. Um precipitado branco ou cinzento identifica o **estanho**.

Reações envolvidas:

$$Sn^{2+}_{(aq)} + 2\,Hg^{2+}_{(aq)} + 2\,Cl^{2+}_{(aq)} \rightarrow Hg_2Cl_{2\,(s)} + Sn^{4+}_{(aq)}$$

$$Sn^{2+}_{(aq)} + Hg_2Cl_{2\,(s)} \rightarrow 2\,Hg^0 + Sn^{4+}_{(aq)} + 2\,Cl^-_{(aq)}$$

### ▶ Processo 2.25

Adicionar 5 gotas de água e 1 gota de ácido fosfomolíbdico. A formação de uma coloração azul indica o **estanho**.

Reação que ocorre:

$$Sn^{2+}_{(aq)} + H_3[P(Mo_{12}O_{40})] \cdot x\,H_2O \rightarrow Sn^{4+}_{(aq)} + \text{óxidos azuis de molibdênio}$$

O fluxograma resumido do Grupo II é apresentado na pág. 54.

# Grupo III

O Grupo III contém os cátions que não precipitam como cloretos ou sulfetos em HCl 0,3 mol/L mas são precipitados como sulfetos de soluções amoniacais de seus sais com $NH_4Cl/NH_3$ seguido de tioacetamida. São eles: $Al^{3+}$, $Cr^{3+}$, $Zn^{2+}$, $Mn^{2+}$, $Fe^{2+}$ ($Fe^{3+}$), $Co^{2+}$ e $Ni^{2+}$.

A maioria dos íons metálicos dos Grupos I e II também formam precipitados com íon sulfeto, $S^{2-}$ em meio amoniacal. A separação dos Grupos II e III reside na diferença nos valores das constantes do produto de solubilidade ($K_{PS}$) de seus respectivos sulfetos. O pH da solução é que possibilita a separação dos grupos pelo controle da concentração de íons sulfeto ($S^{2-}$). Usualmente, sal de cloreto de amônio é adicionado antes da precipitação do grupo para aumentar a concentração de íons $NH_4^+$. Dessa forma, através do efeito do íon comum, a concentração de íons $OH^-$ diminui, prevenindo a dissolução dos hidróxidos de alumínio e/ou de cromo. Isso também previne a coprecipitação do Grupo IV na forma do hidróxido ou carbonato de magnésio. Alumínio e cromo podem precipitar como hidróxidos que apresentam menor $K_{PS}$, no entanto, o fator determinante da composição do precipitado é a relação entre os íons $OH^-$ e $S^{2-}$. Precipita o composto cujo $K_{PS}$ for alcançado primeiro.

Se cromo e manganês ocorrem como ânions $CrO_4^{2-}$ e $MnO_4^-$, eles são reduzidos por íons sulfeto para diminuir o seu estado de oxidação – de 6+ para 3+ para o cromo, e de 7+ para 2+ para o manganês. Esses ânions são precipitados como $Cr(OH)_3$ e $MnS$, respectivamente.

Cinco desses elementos – cromo, manganês, ferro, cobalto e níquel – são elementos de transição. Portanto, pode ser esperado que mostrem propriedades daqueles elementos que possuem a camada interna de elétrons incompleta, isto é, estado de oxidação variável, íons coloridos e forte tendência a formar íons complexos. Além disso, como esses cinco elementos se encontram no terceiro período da Tabela Periódica e apresentam uma variação progressiva na configuração eletrônica, podem ser esperadas diferenças progressivas nas propriedades quando passamos do cromo para o manganês, depois para o ferro, cobalto e níquel.

Alumínio e zinco são elementos de transição, mas os íons alumínio apresentam propriedades muitos similaridades aos íons cromo e ferro, uma vez que esses

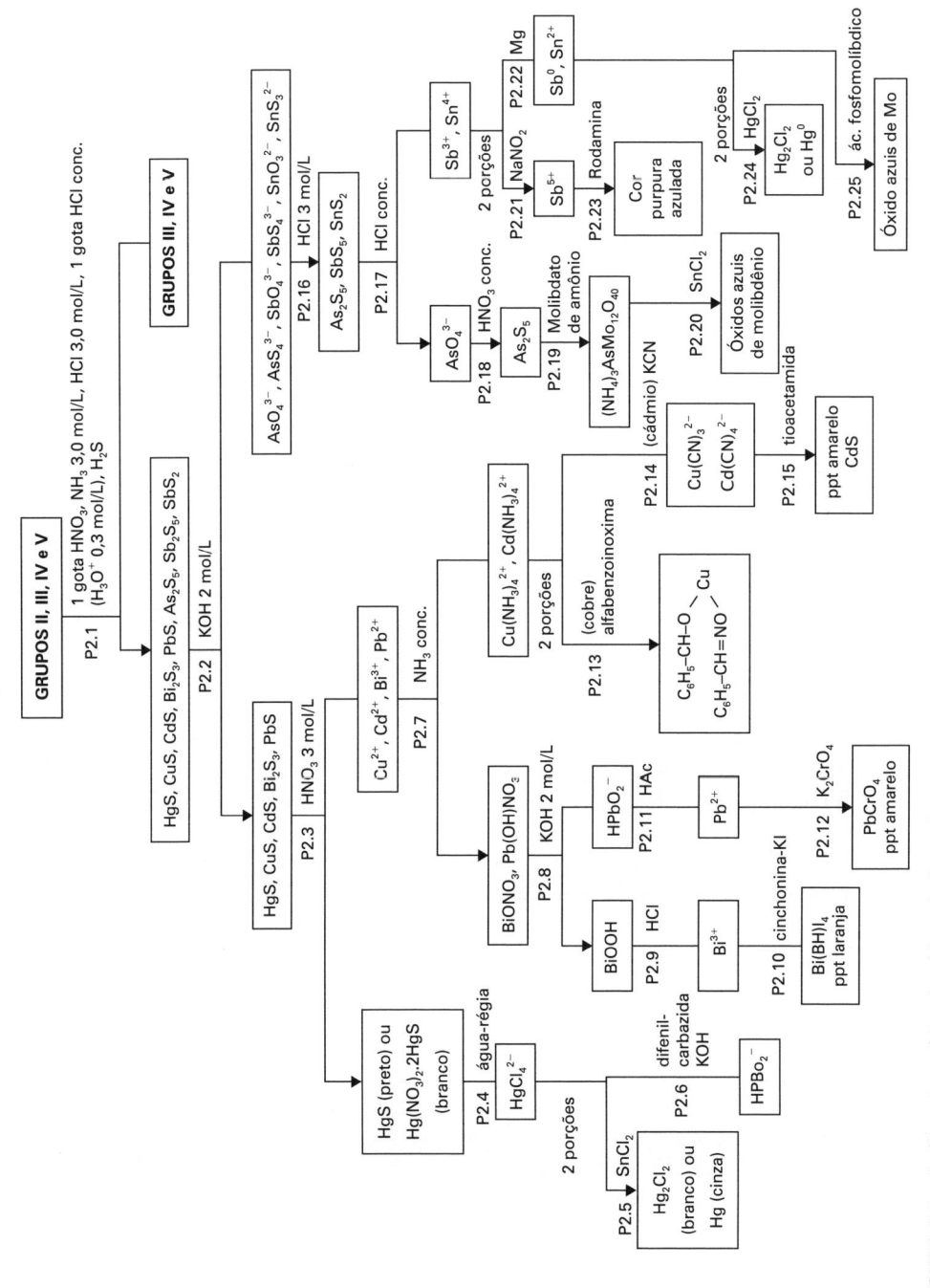

**FIGURA 3.4** Análise sistemática de cátions do Grupo II.

três íons possuem mesma carga e raio iônico. Os hidróxidos de zinco, cromo e alumínio são anfóteros.

### ▶ Processo 3.1

**Precipitação do Grupo III**  adicionar ao centrifugado do Grupo II, 4 gotas de $NH_4Cl$ saturado (Nota 3.1.1) e alcalinizar com $NH_3$ concentrado até o meio tornar-se nitidamente básico. Juntar 10 gotas de tioacetamida e aquecer por três minutos. Centrifugar e verificar se a precipitação foi completa (Nota 3.1.2). O centrifugado contém os cátions dos Grupos IV e V. O precipitado, compreendendo sulfetos e hidróxidos do Grupo III, é analisado segundo o Processo 3.2.

Acidificar o centrifugado com ácido acético e aquecer em banho-maria para expulsar o $H_2S$ excedente (Nota 3.1.3). Centrifugar a solução. No caso de formação de algum precipitado, separá-lo. O centrifugado límpido deve ser reservado para a análise dos cátions do Grupo IV.

As reações envolvidas são:

$$Al^{3+}_{(aq)} + 3\,OH^-_{(aq)} \rightleftharpoons Al(OH)_{3\,(s)} \quad \text{(branco)}$$

$$Cr^{3+}_{(aq)} + 3\,OH^-_{(aq)} \rightleftharpoons Cr(OH)_{3\,(s)} \quad \text{(verde-acinzentado)}$$

$$Zn^{2+}_{(aq)} + S^{2-}_{(aq)} \rightleftharpoons ZnS_{(s)} \quad \text{(branco)}$$

$$Fe^{2+}_{(aq)} + S^{2-}_{(aq)} \rightleftharpoons FeS_{(s)} \quad \text{(preto)}$$

$$Co^{2+}_{(aq)} + S^{2-}_{(aq)} \rightleftharpoons CoS_{(s)} \quad \text{(preto)}$$

$$Ni^{2+}_{(aq)} + S^{2-}_{(aq)} \rightleftharpoons NiS_{(s)} \quad \text{(preto)}$$

$$Mn^{2+}_{(aq)} + S^{2-}_{(aq)} \rightleftharpoons MnS_{(s)} \quad \text{(preto)}$$

*Nota 3.1.1*
A adição de cloreto de amônio permite a formação de uma mistura tampão $NH_3$/$NH_4Cl$ que limita a formação de íons $OH^-$ e, com isso, evita a precipitação do $Mg(OH)_2$ junto com o Grupo III.

*Nota 3.1.2*
É fácil testar se a precipitação foi completa: basta centrifugar a solução e tratar o líquido sobrenadante com algumas gotas de tioacetamida e aquecer ligeiramente, com cautela, para que o líquido não se misture com o precipitado separado.

*Nota 3.1.3*
A acidificação com ácido acético e o aquecimento têm por finalidade (a) promover a coagulação de alguns sulfetos, especialmente o de Ni, que tem tendência a permanecer disperso na forma coloidal; (b) formar $H_2S$ através da acidificação e eliminá-lo (pelo aquecimento), pois este tenderia a oxidar-se a sulfato pelo oxigênio do ar, causando precipitação prematura de cátions do Grupo IV como sulfatos; (c) reduzir o volume da solução, aumentando a concentração dos cátions do Grupo IV.

▶ **Processo 3.2**

Lavar o precipitado do Processo 3.1, constituído dos hidróxidos de Cr e Al, e nos sulfetos de Zn, Fe, Co e Mn com 10 gotas de água contendo 2 gotas de $NH_4Cl$ saturado. Centrifugar e desprezar o líquido de lavagem. Dissolver o precipitado em 2 gotas de $HCl_{concentrado}$, sob aquecimento por 1 minuto, adicionar então 1 gota de $HNO_3$ concentrado (Nota 3.2). As reações envolvidas são:

$$Cr(OH)_{3(s)} + 3\,H^+_{(aq)} \rightleftharpoons Cr^{3+}_{(aq)} + 3H_2O$$

$$Al(OH)_{3(s)} + 3\,H^+_{(aq)} \rightleftharpoons Al^{3+}_{(aq)} + 3H_2O$$

$$ZnS_{(s)} + 2\,H^+_{(aq)} \rightleftharpoons Zn^{2+}_{(aq)} + H_2S_{(g)}$$

$$MnS_{(s)} + 2\,H^+_{(aq)} \rightleftharpoons Mn^{2+}_{(aq)} + H_2S_{(g)}$$

$$FeS_{(s)} + 2\,H^+_{(aq)} \rightleftharpoons Fe^{2+}_{(aq)} + H_2S_{(g)}$$

$$3\,CoS_{(s)} + 2\,NO_3^-{}_{(aq)} + 8\,H^+_{(aq)} \rightleftharpoons 3\,Co^{2+}_{(aq)} + 3\,S^0 + 2\,NO_{(g)} + 4\,H_2O$$

$$3\,NiS_{(s)} + 2\,NO_3^-{}_{(aq)} + 8\,H^+_{(aq)} \rightleftharpoons 3\,Ni^{2+}_{(aq)} + 3\,S^0 + 2\,NO_{(g)} + 4\,H_2O$$

*Nota 3.2.1*

A adição de $HNO_3$ tem por finalidade dissolver os sulfetos de Ni e Co insolúveis em HCl. Os valores relativamente altos das constantes do produto de solubilidade dos sulfetos de Co e Ni poderiam indicar uma alta solubilidade em HCl, pelo fato de não precipitarem em meio ácido. No entanto, tal processo não ocorre em curto prazo, pois o precipitado sofre evolução, alterando suas condições físicas.

▶ **Processo 3.3**

Continuar o aquecimento até completar a dissolução. Alcalinizar fortemente com KOH 2,0 mol/L. Haverá formação dos subgrupos básicos e anfóteros

As reações envolvidas são:

$$Cr^{3+}_{(aq)} + 3OH^-_{(aq)} \rightleftharpoons Cr(OH)_{3(s)} + OH^-_{(exc)} \rightleftharpoons Cr(OH)_4^-{}_{(aq)} \text{ íon cromito}$$

$$Al^{3+}_{(aq)} + 3OH^-_{(aq)} \rightleftharpoons Al(OH)_{3(s)} + OH^-_{(exc)} \rightleftharpoons Al(OH)_4^-{}_{(aq)} \text{ íon aluminato}$$

$$Zn^{2+}_{(aq)} + 2OH^-_{(aq)} \rightleftharpoons Zn(OH)_{2(s)} + 2\,OH^-_{(exc)} \rightleftharpoons Zn(OH)_4^{2-}{}_{(aq)} \text{ íon zincato}$$

⎫ Subgrupo anfótero

$$Mn^{2+}_{(aq)} + 2OH^-_{(aq)} \rightleftharpoons Mn(OH)_{2(s)}$$

$$Fe^{2+}_{(aq)} + 2OH^-_{(aq)} \rightleftharpoons Fe(OH)_{2(s)}$$

$$Co^{2+}_{(aq)} + 2OH^-_{(aq)} \rightleftharpoons Co(OH)_{2(s)}$$

$$Ni^{2+}_{(aq)} + 2OH^-_{(aq)} \rightleftharpoons Ni(OH)_{2(s)}$$

⎫ Subgrupo básico

▶ **Processo 3.4**

Lentamente, adicionar 0,1-0,2 g de $Na_2O_2$ à solução resultante dos Processos 3.2 e 3.3 (Nota 3.4.1). Aquecer por 3 minutos em banho-maria e centrifugar. Lavar o resíduo com 10 gotas de água e centrifugar. Juntar a água de lavagem ao centrifugado anterior.

As reações envolvidas são:

$$2Cr(OH)_4^-{}_{(aq)} + 3\ O_2^{2-}{}_{(aq)} \rightleftharpoons 2\ CrO_4^{2-}{}_{(aq)} + 4\ OH^-{}_{(aq)} + 2\ H_2O$$

$$Mn(OH)_{2(s)} + O_2^{2-}{}_{(aq)} + H_2O \rightleftharpoons MnO_2 \cdot H_2O_{(s)} + 2\ OH^-{}_{(aq)}$$

$$2\ Fe(OH)_{2(s)} + O_2^{2-}{}_{(aq)} + H_2O \rightleftharpoons 2\ Fe(OH)_{3(s)} + 2\ OH^-{}_{(aq)}$$

$$2\ Co(OH)_{2\ (s)} + O_2^{2-}{}_{(aq)} + 2\ H_2O \rightleftharpoons 2\ Co(OH)_{3(s)} + 2\ OH^-{}_{(aq)}$$

*Nota 3.4.1*
A adição de peróxido de sódio ($Na_2O_2$) visa, especialmente, oxidar os íons cromito a cromato e Mn (II) a Mn (IV), pela ação oxidante do íon peróxido ($O_2^{2-}$). Concomitantemente, Fe (II) e Co (II) são oxidados ao estado trivalente.

O precipitado será analisado mediante Processos 3.5 a 3.9. O centrifugado contendo as espécies $Al(OH)_4^-$, $CrO_4^{2-}$ e $Zn(OH)_4^{2-}$ será analisado mediante os Processos 3.10 a 3.13

### ▶ Processo 3.5

Dissolver o precipitado resultante dos Processos 3.3. e 3.4 em 2 gotas de HCl concentrado a quente. Diluir ao dobro do volume, homogeneizar e dividir em **quatro porções**.

As reações envolvidas são:

$$MnO_2 \cdot H_2O_{(s)} + 4\ H^+{}_{(aq)} + 2\ Cl^- \rightleftharpoons Mn^{2+}{}_{(aq)} + Cl_{2(g)} + 3\ H_2O$$

$$Co(OH)_{3(s)} + 3\ H^+{}_{(aq)} + Cl^- \rightleftharpoons Co^{2+}{}_{(aq)} + 1/2\ Cl_{2(g)} + 3\ H_2O$$

$$Fe(OH)_{3\ (s)} + 3\ H^+{}_{(aq)} \rightleftharpoons Fe^{3+}{}_{(aq)} + 3\ H_2O$$

$$Ni(OH)_{2\ (s)} + 2\ H^+{}_{(aq)} \rightleftharpoons Ni^{2+}{}_{(aq)} + 2\ H_2O$$

### 1ª porção – Processo 3.6

Adicionar 2 gotas de tartarato de sódio e potássio (Nota 3.6.1). Alcalinizar fortemente com KOH e agitar com bastão de vidro por 1 minuto. Adicionar 3 gotas de benzidina. Uma cor azul indica o **manganês**.

$$H_2N-\bigcirc-\bigcirc-NH_2\ {}_{(aq)} \xrightarrow{oxi} \left[ \begin{array}{c} H_2N-\bigcirc-\bigcirc-NH_2 \\ HN=\bigcirc=\bigcirc=NH \end{array} \right]\ 2HX\ {}_{(aq)}$$

Segundo Feigl (1949), a benzidina incolor é oxidada pelo $MnO_2.H_2O$ a azul de benzidina levando à formação de um composto molecular meriquinoide (semiquinona de oxidação) constituído pelo conjunto formado por uma molécula de p-quinonaimida (amina), uma molécula de benzidina não modificada e dois mols de ácido monoprótico.

*Nota 3.6.1*
Na execução do teste de Mn, adiciona-se tartarato duplo de sódio e potássio com a finalidade de complexar o Fe (III), impedindo que o mesmo precipite sob forma de hidróxido quando se acrescenta KOH.

$$Fe^{3+}_{(aq)} + 3\ C_4H_4O_6^{2-}{}_{(aq)} \rightleftharpoons Fe(C_4H_4O_6)_3^{3-}{}_{(aq)}$$

$$Mn^{2+}_{(aq)} + 2\ OH^-_{(aq)} \rightleftharpoons Mn(OH)_{2\,(s)}$$

Dessa forma, precipita somente $Mn(OH)_2$ branco, que, sob agitação, permite a incorporação de $O_2$ do ar, formando-se um precipitado marrom de $Mn(OH)_4$:

$$Mn(OH)_{2(s)} + 1/2\ O_{2\,(g)} \rightarrow Mn(OH)_{4(s)}$$

O hidróxido de Mn (IV) desidrata-se parcialmente, convertendo-se em $MnO_2 \cdot xH_2O$. Este oxida a benzidina a um produto azul denominado azul benzidina. A cor não é permanente, face à decomposição do azul benzidina.

$$MnO_2 \cdot H_2O_{(s)} + benzidina_{(aq)} \rightleftharpoons Mn^{2+}_{(aq)} + azul\ benzidina$$

### 2ª porção – Processo 3.7

Adicionar 1 gota de tiocianato de amônio 3,0 mol/L. O aparecimento de uma coloração vermelha indica o **ferro** (Nota 3.7.1).

*Nota 3.7.1*
Em presença de sulfocianeto em meio ácido, íon $Fe^{3+}$ forma um íon complexo vermelho ($FeCNS^{2+}$). O teste é muito sensível.

$$Fe^{3+}_{(aq)} + 6\ CNS^-_{(aq)} \rightleftharpoons Fe(CNS)_6^{3-}{}_{(aq)}$$

### 3ª porção – Processo 3.8

Adicionar uma pequena porção de NaF sólido (Nota 3.8.1). Acrescentar 5 a 10 gotas de solução de tioacianato de amônio saturado em álcool (Nota 3.8.2). A cor azul indica o **cobalto**.

*Nota 3.8.1*
A reação de identificação do $Co^{2+}$ é similar à do íon $Fe^{3+}$. Para tornar possível a identificação de $Co^{2+}$ sem interferência do $Fe^{3+}$ adiciona-se NaF, que forma com o íon férrico um complexo incolor muito estável, $[FeF_6]^{3-}$.

$$Fe^{3+}_{(aq)} + 6\ F^-_{(aq)} \rightleftharpoons FeF_6^{3-}{}_{(aq)}$$

*Nota 3.8.2*
A reação pela qual o íon $Co^{2+}$ é identificado é a seguinte:

$$Co^{2+}_{(aq)} + 4\ CNS^-_{(aq)} \rightleftharpoons Co(CNS)_4^{2-}{}_{(aq)}$$

A coloração azul do $Co(CNS)_4^{2-}$ não é muito estável. Por isso, utiliza-se solução saturada de sulfocianeto de amônio em álcool – do contrário a cor não surge.

### 4ª porção – Processo 3.9

Adicionar uma pequena porção de NaF (Nota 3.9.1) sólido. Alcalinizar com $NH_4OH$ 3,0 mol/L. Juntar 2 gotas de dimetilglioxima. Um precipitado vermelho indica o **níquel**.
As reações envolvidas são:

$$Fe^{3+}_{(aq)} + 6\ F^-_{(aq)} \rightleftharpoons FeF_6^{3-}{}_{(aq)}$$

$$2 \begin{array}{c} CH_3-C=NOH \\ | \\ CH_3-C=NOH \end{array} + Ni^{2+}_{(aq)} \longrightarrow [\text{Ni-dimethylglyoxime complex}] + 2 H^+_{(aq)}$$

*Nota 3.9.1*
A adição de NaF tem por finalidade formar o complexo $[FeF_6]^{3-}$ impedindo a interferência do íon $Fe^{3+}$ na identificação dos íons $Co^{2+}$ e $Ni^{2+}$. No teste do Mn, costuma-se empregar o tartarato como complexante, por tornar o teste um pouco mais sensível.

### ▶ Processo 3.10

Tomar o centrifugado resultante dos Processos 3.3 e 3.4 e dividir em três porções. A porção para a identificação de cromo deve ser dividida em duas partes. Aquecer a primeira porção durante 1 minuto. Adicionar igual volume de água (Nota 3.10.1) e acidificar fracamente com $H_2SO_4$ 1,5 mol/L. Adicionar 2 gotas de difenilcarbazida. O aparecimento de cor violeta avermelhada identifica o **cromo**.

As reações envolvidas são:

$$2\,CrO_4^{2-}{}_{(aq)} + 2\,H^+_{(aq)} \rightleftharpoons Cr_2O_7^{2-}{}_{(aq)} + H_2O$$
cromato    dicromato
(amarelo)   (laranja)

$$3\,O=C\!\!\begin{array}{c}NH-NH-Ph\\ NH-NH-Ph\end{array}_{(org)} + 2\,CrO_4^{2-}{}_{(aq)} + 10\,H^+_{(aq)} \longrightarrow (Cr^{3+})_2\left[O=C\!\!\begin{array}{c}NH-NH-Ph\\ N=N-Ph\end{array}\right]_{3(aq)} + 8\,H_2O$$

Difenilcarbazida                                         $Cr^{3+}$-difenilcarbazona

*Nota 3.10.1*
Na hipótese de o cromo estar presente, a solução apresenta cor amarela (devido à presença do cromato). O aquecimento é feito para decompor o excesso de peróxido de sódio. Essa providência torna-se necessária pois, na operação seguinte de acidificação, o excesso de peróxido reagiria com ácido crômico, formando ácido percrômico, que é muito instável e se decompõe facilmente, prejudicando o teste para cromato. Por outro lado, no teste com difenilcarbazida, a tonalidade violeta pode ser mais bem observada por agitação da solução e observação do líquido nas paredes do tubo, acima da superfície da solução.

▶ **Processo 3.11**

Acidificar com ácido acético 3,0 mol/L e adicionar nitrato de chumbo. Um precipitado amarelo indica a presença de **cromo**.
Reação que ocorre:

$$Pb^{2+}_{(aq)} + CrO_4^{2-}_{(aq)} \rightleftharpoons PbCrO_{4(s)}$$

*Nota 3.11.1*
A acidificação com ácido acético tem por objetivo evitar a precipitação dos íons $Pb^{2+}$ na forma de $Pb(OH)_2$.

▶ **Processo 3.12**

Acidificar com ácido ácético 3,0 mol/L. Adicionar 2 gotas de aluminon. Alcalinizar fracamente com $NH_4OH$ 3,0 mol/L (Nota 3.12.1) e aquecer. A formação de flocos vermelhos de $Al(OH)_3$ com aluminon adsorvido indica a presença de **alumínio**.
As reações envolvidas são:

$$Al(OH)_{4(aq)}^- + 4\ CH_3COOH_{(aq)} \rightleftharpoons Al^{3+}_{(aq)} + 4\ CH_3COO^-_{(aq)} + 4\ H_2O$$

$$Al^{3+}_{(aq)} + 3\ OH^-_{(aq)} \rightleftharpoons Al(OH)_{3(s)} \quad \text{com aluminon adsorvido superficialmente}$$

*Nota 3.12.1*
O hidróxido de alumínio é facilmente solúvel em bases fortes e muito pouco solúvel em hidróxido de amônio, que é base fraca. Torna-se necessária, então, a remoção ou eliminação de bases fortes. Ao ocorrer a precipitação do $Al(OH)_3$, o mesmo forma com aluminon uma laca vermelha característica.

▶ **Processo 3.13**

Diluir com igual volume de água. Adicionar 20 gotas de ditizona. Vedar o tubo de ensaio e agitar vigorosamente. A mudança para vermelho na fase aquosa (superior) indica a presença de **zinco**, conforme a Figura 3.5 (Nota 3.13.1).
Reação que ocorre:

$$2\ S{=}C\begin{matrix}N{=}N{-}C_6H_5\\ \diagdown NHNH{-}C_6H_5\end{matrix} + Zn^{2+}_{(aq)} \rightleftharpoons Zn\left[S{=}C\begin{matrix}N{=}N{-}C_6H_5\\ \diagdown NH{-}N{-}C_6H_5\end{matrix}\right]_2 + 2\ H^+_{(aq)}$$

quelato vermelho

*Nota 3.13.1*
O $Zn^{2+}$ forma com a ditizona um complexo vermelho com a seguinte fórmula:

$$Zn[C_6H_5)N{=}NCSNHNC_6H_5]_2.$$

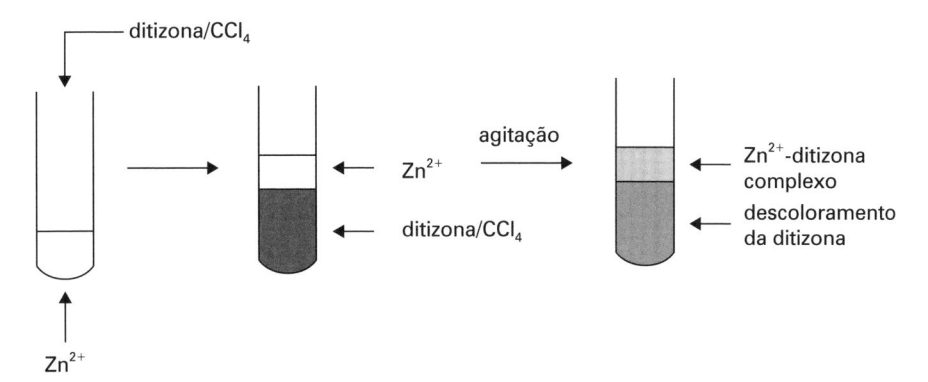

**FIGURA 3.5** Procedimento experimental para identificação de íons $Zn^{2+}$ com ditizona.

A solução deve ser intensamente básica para que a reação se efetue. A cor deve ser observada na camada líquida aquosa, acima da solução de tetracloreto de carbono (que é o solvente da solução de ditizona).

O fluxograma dos cátions do Grupo III é apresentado na Figura 3.6.

# Grupo IV

Este grupo constituído pelos cátions que não precipitam pelo íon cloreto, nem pelo íon sulfeto em meio ácido ou alcalino, mas precipitam como fosfatos pelo íon fosfato em solução amoniacal. São eles: $Mg^{2+}$, $Ba^{2+}$, $Sr^{2+}$ e $Ca^{2+}$.

Os membros deste grupo configuram uma situação invulgar em relação aos outros grupos da análise sistemática, pois pertencem a um mesmo grupo da Tabela Periódica. Esta relação é uma desvantagem para a Química Analítica, pois é muito difícil separá-los e identificá-los. Como os seus produtos de solubilidade apresentam valores muito próximos, torna-se necessário recorrer aos testes de chama que são absolutamente específicos e confiáveis. Nos testes de chama, a substância, quando submetida a chama de um bico de bunsen, absorve uma certa quantidade de energia calorífica que é então liberada na forma de radiações com comprimentos de onda com colorações características para cada elemento metálico.

O magnésio apresenta a propriedade de formação de laca em um grau muito maior que os outros elementos do Grupo IV. A reação entre hidróxido de magnésio e para-nitro-azobenzeno-alfa-naftol (magneson II) é uma aplicação da propriedade e também uma reação específica. A identificação por meio dessa reação é mais sensível antes da precipitação do grupo, pois o fosfato duplo de magnésio e amônio, insolúvel em meio alcalino, produz interferência.

Após a precipitação do grupo e dissolução em ácido acético, o bário pode ser separado dos outros componentes, como cromato de bário. A separação é efetuada em meio acético por causa do equilíbrio entre íons $H^+$ e $CrO_4^{2-}$, que mantém baixa a concentração de íon cromato e impede a precipitação do cromato de estrôncio.

O estrôncio é separado do cálcio pela precipitação do sulfato de estrôncio pela adição de sulfato de amônio à solução. O sulfato de cálcio é consideravelmente mais solúvel que o sulfato de estrôncio; é provável que se forme o íon complexo

**62** Análise Qualitativa em Escala Semimicro

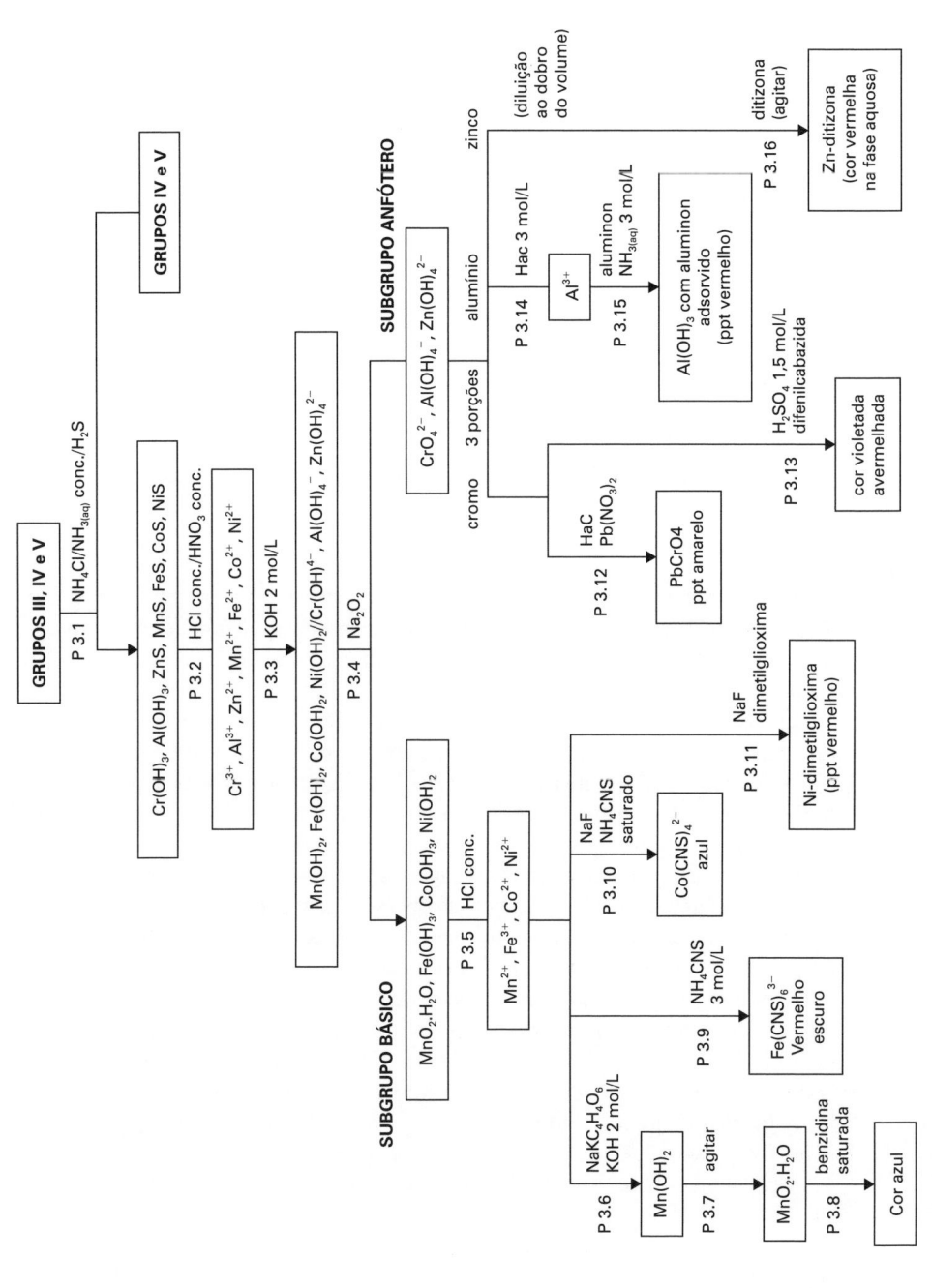

**FIGURA 3.6** Análise sistemática de cátions do Grupo III.

[Ca(SO$_4$)$_2^{2-}$]. O cálcio é precipitado do centrifugado como oxalato de cálcio. A Tabela 3.2 resume as propriedades dos íons Ca$^{2+}$, Sr$^{2+}$, Ba$^{2+}$ e Mg$^{2+}$ em presença de determinados reagentes.

As propriedades dos três elementos (bário, estrôncio e cálcio) são tão semelhantes que os testes de precipitação não são totalmente confiáveis. Cada precipitado precisa ser examinado com fio de platina nos testes de chama.

**TABELA 3.2** Constantes do produto de solubilidade ($K_{PS}$) de compostos pouco solúveis dos cátions Mg$^{2+}$, Ba$^{2+}$, Sr$^{2+}$ e Ca$^{2+}$ a 25°C

| Composto | Mg$^{2+}$ | Ba$^{2+}$ | Sr$^{2+}$ | Ca$^{2+}$ |
|---|---|---|---|---|
| NH$_4$OH | 10$^{-9}$ | – | – | – |
| (NH$_4$)$_2$CO$_3$ | 1,0 × 10$^{-5}$ | 8,0 × 10$^{-9}$ | 1,6 × 10$^{-9}$ | 4,8 × 10$^{-9}$ |
| Na$_2$SO$_4$ | – | 1,0 × 10$^{-10}$ | 2,8 × 10$^{-7}$ | 6,1 × 10$^{-5}$ |
| (NH$_4$)$_2$C$_2$O$_4$ | – | 1,6 × 10$^{-7}$ | 5,8 × 10$^{-8}$ | 2,6 × 10$^{-9}$ |
| K$_2$Cr$_2$O$_7$ em meio de ácido acético | – | 2,4 × 10$^{-10}$ | – | – |
| K$_2$CrO$_4$ | – | 2,4 × 10$^{-10}$ | 3,5 × 10$^{-5}$ | – |

### ▶ Processo 4.1

**Identificação do magnésio**   Recolher em um tubo de centrífuga 5 gotas do centrifugado do processo 3.1 (Nota 4.1.1) (o restante deve ser reservado para o Processo 4.2), adicionar 2 gotas de p-nitro-azo-benzeno-alfa naftol (magneson II), e a seguir, 5 gotas de KOH 2,0 mol/L. Agitar com bastão de vidro durante 1 minuto e centrifugar. A formação de um precipitado azulado identifica o **magnésio** (Nota 4.1.2).

As reações envolvidas são:

$$\text{Mg}^{2+}{}_{(aq)} + 2\,\text{OH}^-{}_{(aq)} \rightleftharpoons \text{Mg(OH)}_{2(s)} \quad \text{ppt branco}$$

$$\text{Mg(OH)}_{2(s)} + \text{magneson} \rightleftharpoons \text{Mg(OH)}_{2(s)} \text{ com magneson adsorvido superficialmente}$$

*Nota 4.1.1*
O aparecimento de algum resíduo sólido nessa altura da análise sistemática é devido à presença de traços de sulfetos do Grupo III.

*Nota 4.1.2*
Formam-se partículas de Mg(OH)$_2$ de cor branca e centrifugação difícil. Em presença de p-nitroazobenzeno-alfanaftol, O$_2$NC$_6$H$_4$N=NC$_{10}$H$_6$OH, esse corante é adsorvido (superficialmente) pelo hidróxido de magnésio, conferindo uma coloração azul ao mesmo.

### ▶ Processo 4.2

**Precipitação dos cátions do Grupo IV**   Alcalinizar o resto da solução separada no Processo 4.1 com NH$_3$ concentrado. Adicionar 5 gotas de hidrogenofosfato de amônio 0,3 mol/L. Centrifugar e testar a precipitação completa através da adição de 1 gota extra de hidrogenofostato de amônio.

O precipitado contém os fosfatos de Ba, Sr, Ca e Mg e é analisado segundo o Processo 4.3.

O centrifugado contém o Grupo V e é reservado para o Processo 5.1.

As reações envolvidas são:

$$Mg^{2+}_{(aq)} + NH_{3(aq)} + HPO_4^{2-}{}_{(aq)} \rightleftharpoons MgNH_4PO_{4(s)} \quad \text{branco}$$

$$3\,Ca^{2+}_{(aq)} + 2\,NH_{3(aq)} + 2\,HPO_4^{2-}{}_{(aq)} \rightleftharpoons Ca_3(PO_4)_{2(s)} + 2\,NH_4^+{}_{(aq)} \quad \text{branco}$$

$$3\,Sr^{2+}_{(aq)} + 2\,NH_{3(aq)} + 2\,HPO_4^{2-}{}_{(aq)} \rightleftharpoons Sr_3(PO_4)_{2(s)} + 2\,NH_4^+{}_{(aq)} \quad \text{branco}$$

$$3\,Ba^{2+}_{(aq)} + 2\,NH_{3(aq)} + 2\,HPO_4^{2-}{}_{(aq)} \rightleftharpoons Ba_3(PO_4)_{2(s)} + 2\,NH_4^+{}_{(aq)} \quad \text{branco}$$

## ▶ Processo 4.3

**Identificação de Ba, Sr e Ca**  Lavar o precipitado do Processo 4.2 com 10 gotas de água acrescida de 1 gota de NH$_3$ 3,0 mol/L. Centrifugar e desprezar o líquido de lavagem. Dissolver o resíduo em 5 a 10 gotas de ácido acético 3,0 mol/L.

As reações envolvidas são:

$$Ca_3(PO_4)_{2(s)} \rightleftharpoons 3\,Ca^{2+}_{(aq)} + 2\,PO_4^{3-}{}_{(aq)}$$
$$+$$
$$2\,CH_3COOH_{(aq)} \rightleftharpoons 2\,CH_3COO^-_{(aq)} + 2\,H^+_{(aq)} \quad \Rightarrow \quad 2\,HPO_4^{2-}{}_{(aq)}$$

Observação: reações ocorrem, da mesma maneira, para os íons Mg$^{2+}$ e Sr$^{2+}$.

## ▶ Processo 4.4

Recolher 1 gota da solução obtida no Processo 4.3 em um tubo de ensaio e adicionar 1 gota de cromato de potássio (Nota 4.4.1). Caso não seja formado um precipitado amarelo, passar imediatamente para a operação relativa ao tratamento do centrifugado do Processo 4.3 que pode conter somente os íons Sr$^{2+}$ e Ca$^{2+}$.

*Nota 4.4.1*

É conveniente testar a presença de Ba$^{2+}$ recolhendo 1 gota de solução obtida no Processo 4.3, adicionando 1 gota de solução de cromato de potássio. Caso não haja aparecimento de precipitado, estará ausente o íon Ba$^{2+}$, não sendo necessário o acréscimo de cromato ao restante da solução. Também é dispensável reprecipitar os fosfatos de Ca e Sr, como indicado no Processo 4.3. Basta precipitar o Sr sob forma de sulfato e o Ca como oxalato, simplificando o processo.

## ▶ Processo 4.5

Caso haja formação de precipitado pelo tratamento com cromato de potássio, deve--se, no restante da solução obtida quando do tratamento com ácido acético, acrescentar cromato de potássio em quantidade suficiente para garantir a precipitação completa (usualmente 5 gotas). Após, deixar em repouso durante um minuto e centrifugar (c1). Lavar o precipitado uma vez com 3 gotas de água, centrifugar e juntar o líquido de lavagem (c2) ao centrifugado anterior (c1). O precipitado pode ser cromato de bário, indicando a presença de bário. Confirmar com o teste de chama (Nota 4.5.1), levando uma pequena quantidade de material à zona de redução da chama do bico de Bunsen com o auxílio do fio de Pt por um minuto. Retirar o fio de Pt, mergulhá-lo em HCl e levá-lo novamente à chama, porém na zona de oxidação. O aparecimento de uma coloração verde confirma a presença de bário. Caso a cor não apareça, repetir a operação de 4 a 5 vezes.

Reação que ocorre:

$$Ba^{2+}_{(aq)} + CrO_4^{2-}_{(aq)} \rightleftharpoons BaCrO_{4(s)}$$

*Nota 4.5.1*
O bário dá coloração verde-maçã à chama. O teste é realizado de forma mais eficiente mediante o recolhimento de pequena quantidade de precipitado em um fio de Pt limpo que é, então, levado para a zona redutora da chama (amarela) durante um minuto. A seguir, o fio é mergulhado em solução de HCl e levado para a zona oxidante da chama. Não aparecendo coloração, a operação deverá ser repetida por até cinco vezes.

### ▶ Processo 4.6

O centrifugado obtido no Processo 4.5 pode conter Sr, Ca e Mg. Alcalinizar com hidróxido de amônio 3,0 mol/L (Nota 4.6.1) e centrifugar. Desprezar o centrifugado. Lavar o precipitado, contendo os fosfatos de Sr, Ca e Mg com 10 gotas de água e 1 gota de $NH_3$ concentrado. Centrifugar, desprezando o líquido de lavagem. Repetir a operação de lavagem até o descoramento do precipitado.

As reações envolvidas são:

$$2\ NH_{3(aq)} + 2\ HPO_4^{2-}{}_{(aq)} \rightleftharpoons 2\ NH_4^+{}_{(aq)} + 2\ PO_4^{3-}{}_{(aq)}$$

$$3\ Ca^{2+}{}_{(aq)} + 2\ PO_4^{3-}{}_{(aq)} \rightleftharpoons Ca_3(PO_4)_{2(s)}$$

Dissolver o precipitado em 5 a 10 gotas de ácido acético 3,0 mol/L e diluir ao dobro do volume.

As reações envolvidas são:

$$Ca_3(PO_4)_{2(s)} \rightleftharpoons 3\ Ca^{2+}{}_{(aq)} + 2\ PO_4^{3-}{}_{(aq)}$$

$$+ \qquad \Rightarrow\ 2\ HPO_4^{2-}{}_{(aq)}$$

$$2\ CH_3COOH_{(aq)} \rightleftharpoons 2\ CH_3COO^-{}_{(aq)} + 2\ H^+{}_{(aq)}$$

*Nota 4.6.1*
A adição de ácido acético até o meio ficar nitidamente ácido perturba o equilíbrio de dissociação existente, $Ca_3(PO_4)_{2(s)} \rightleftharpoons 3\ Ca^{2+}{}_{(aq)} + 2\ PO_4^{3-}{}_{(aq)}$, e, conforme o Princípio de Le Chatelier, desloca o equilíbrio no sentido de aumentar a concentração de íons fosfato, sendo os mesmos removidos na forma da espécie $HPO_4^{2-}$.

*Nota 4.6.2*
Realcalinizando a solução com hidróxido de amônio, reprecipitam os fosfatos de Sr, Ca e Mg, podendo-se, então, remover o excesso de cromato de potássio. O precipitado deverá ser lavado repetidas vezes até que desapareça a coloração amarela.

### ▶ Processo 4.7

Adicionar 6 gotas de sulfato de amônio 1,0 mol/L a solução acética contendo Sr, Ca e Mg e deixar em repouso por 3 minutos. Centrifugar. Testar para verificar se a precipitação foi completa. O precipitado pode conter sulfato de estrôncio, indicando a presença de **estrôncio**. Confirmar (Nota 4.7.1) com o teste de chama (Nota 4.7.2). O estrôncio é revelado por um vermelho carmim rápido e fugaz.

Reação que ocorre:

$$Sr^{2+}_{(aq)} + SO_4^{2-}_{(aq)} \rightleftharpoons SrSO_{4(s)}$$

*Nota 4.7.1*
A presença de precipitado branco nesse ponto não significa necessariamente que o Sr esteja presente, pois a precipitação do $Ba^{2+}$ como cromato poderá não ter sido completa, precipitando, então, sulfato de bário, muito pouco solúvel.

*Nota 4.7.2*
O Sr confere à chama uma coloração vermelha brilhante (carmim), e a técnica empregada é igual à descrita para a identificação do Ba. A coloração da chama não persiste por muito tempo.

### ▶ Processo 4.8

O centrifugado pode conter os íons $Ca^{2+}$ e $Mg^{2+}$. Adicionar 4 gotas de oxalato de amônio e centrifugar. O precipitado pode conter oxalato de cálcio, indicando a presença de **cálcio** (Nota 4.8.1). Confirmar com teste à chama. A cor vermelho-tijolo identifica o cálcio. Efetuar teste comparativo com uma solução contendo cálcio.

Reação que ocorre:

$$Ca^{2+}_{(aq)} + C_2O_4^{2-}_{(aq)} \rightleftharpoons CaC_2O_{4(s)}$$

*Nota 4.8.1*
A presença de precipitado nesse ponto não é característica exclusiva do íon $Ca^{2+}$, pois algum íon $Sr^{2+}$ não precipitado no teste anterior poderá precipitar nesse momento. É conveniente executar o teste de chama no qual o íon $Ca^{2+}$ torna a chama vermelha, de cor menos intensa do que o $Sr^{2+}$.

*Observação*
Os testes de chama para esses três elementos podem, por vezes, ser executados no material original. A seguinte ordem de aparecimento da coloração deve ser obedecida: Sr, Ca e Ba.

O centrifugado pode conter magnésio, cuja identificação já se processou em prova à parte. O fluxograma dos cátions do Grupo IV é apresentado a seguir.

Capítulo 3 ♦ Análise sistemática de cátions

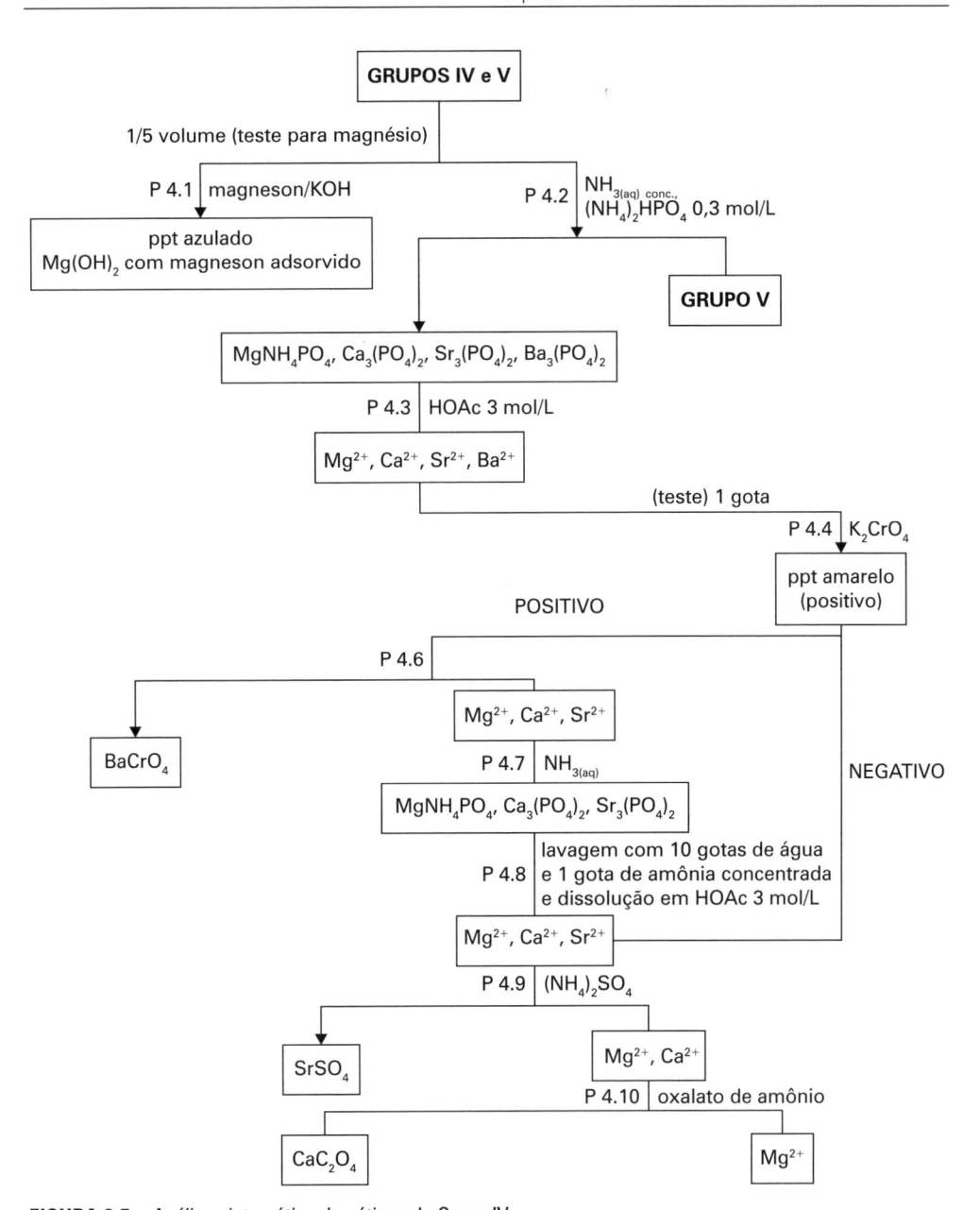

```
                    GRUPOS IV e V
                          │
        1/5 volume (teste para magnésio)
          │                         │
   P 4.1 │ magneson/KOH      P 4.2 │ NH₃(aq) conc.,
     ↓                              │ (NH₄)₂HPO₄ 0,3 mol/L
  ppt azulado                       ↓
  Mg(OH)₂ com magneson adsorvido
                                                    GRUPO V

            MgNH₄PO₄, Ca₃(PO₄)₂, Sr₃(PO₄)₂, Ba₃(PO₄)₂
                          │
                    P 4.3 │ HOAc 3 mol/L
                          ↓
                  Mg²⁺, Ca²⁺, Sr²⁺, Ba²⁺
                                      (teste) 1 gota
                                P 4.4 │ K₂CrO₄
                                      ↓
                                  ppt amarelo
                  POSITIVO        (positivo)
         P 4.6 │
           ↓             Mg²⁺, Ca²⁺, Sr²⁺
                   P 4.7 │ NH₃(aq)              NEGATIVO
        BaCrO₄   MgNH₄PO₄, Ca₃(PO₄)₂, Sr₃(PO₄)₂
                         │  lavagem com 10 gotas de água
                   P 4.8 │  e 1 gota de amônia concentrada
                         │  e dissolução em HOAc 3 mol/L
                         ↓
                    Mg²⁺, Ca²⁺, Sr²⁺
                   P 4.9 │ (NH₄)₂SO₄
              ↓                        ↓
           SrSO₄                    Mg²⁺, Ca²⁺
                           P 4.10 │ oxalato de amônio
              ↓                              ↓
           CaC₂O₄                          Mg²⁺
```

**FIGURA 3.7** Análise sistemática de cátions do Grupo IV.

## Grupo V

O Grupo V é constituído pelos cátions cujos sais são solúveis em solução aquosa. São eles: $Na^+$, $K^+$ e $NH_4^+$.

Esses íons não são precipitados sob as condições requeridas para a precipitação dos Grupos I, II, III e IV. Portanto, todos os compostos de sódio, potássio e amônio são solúveis, e esse grupo não apresenta um reagente precipitante.

Na remoção dos sais de amônio, por causa da volatilidade desses sais, é necessário converter cloretos de potássio e sódio em sulfatos através da adição de ácido sulfúrico. Cloretos de sódio e potássio podem ser perdidos por aquecimento.

Os testes de chama são particularmente importantes para a identificação de íons $Na^+$ e $K^+$, e são preferidos em relação às reações de precipitação. O íon $NH_4^+$ é identificado diretamente na solução problema evitando-se assim um resultado falso positivo ao longo da análise sistemática.

### ▶ Processo 5.1

**Remoção dos íons fosfatos**  Ao centrifugado do Processo 4.2 contendo o Grupo V adicionar nitrato de magnésio até que a precipitação do $MgNH_4PO_4$ seja completa. Centrifugar (Nota 5.1.1) e desprezar o precipitado. O centrifugado contém sais de sódio, potássio e amônio e é analisado de acordo com o Processo 5.2.

*Nota 5.1.1*
O propósito deste ataque é remover o excesso de íons fosfatos que foram usados para precipitar os cátions do Grupo IV. Se sua presença interferir no teste de precipitação para o sódio, todos os íons fosfatos devem ser removidos.

### ▶ Processo 5.2

**Remoção dos sais de amônio**  Transferir o centrifugado do Processo 5.1 para um cadinho pequeno, adicionar 4 gotas de ácido sulfúrico 1,5 mol/L (Nota 5.2.1) e evaporar a seco. Continuar a aquecer um pouco abaixo do rubro, até cessar o desprendimento de fumos (Nota 5.2.2). Tratar o resíduo conforme o Processo 5.3.

*Nota 5.2.1*
Usa-se ácido sulfúrico para converter os cloretos de sódio e potássio em sulfatos, uma vez que estes são menos voláteis que os cloretos.

*Nota 5.1.2*
Todos os sais de amônio devem ser removidos porque interferem no teste de precipitação para o potássio. Sódio e potássio permanecem no resíduo como sulfatos.

### ▶ Processo 5.3

**Teste para sódio e potássio**  Esfriar o resíduo do Processo 5.2, acrescentar 1 gota de água e executar o teste de chama para Na e K (Nota 5.3.1). Com o auxílio de um fio de Pt previamente limpo, transferir uma porção do material para a parte inferior da zona de oxidação da chama do bico de Bunsen. Se o material contiver sódio em concentração superior à que corresponde às impurezas, a chama se cora de um amarelo brilhante (Nota 5.3.2).

Em ausência do sódio, o potássio será identificado pelo aparecimento de uma cor violeta pálida na chama, de curta duração, devido à volatilidade dos sais de potássio. Em presença do sódio, a coloração do potássio é mascarada, o que prejudica o teste. Nesse caso, interpõe-se entre a chama e o olho do observador um pedaço de vidro de cobalto, o qual, sendo opaco às radiações amarelas do sódio, permite a passagem das radiações do potássio, de cor violeta (radiações muito curtas), e de cor violeta avermelhada ( radiações mais longas). Assim, é possível identificar o potássio (Nota 5.3.3) ao lado do sódio.

Para confirmar a presença destes dois metais, podemos tratar o restante do material contido no cadinho com 5 gotas de água.

*Nota 5.3.1*
O sódio confere cor amarela brilhante à chama que dura algum tempo. O fio deve estar perfeitamente limpo antes de se executar o teste. Como sempre há algum sódio nos processos de análise (impurezas), a chama é amarela. A intensidade da chama determina se há ou não há sódio na amostra original. É necessário que o estudante faça alguns exercícios a fim de tornar-se capaz de distinguir a coloração de uma impureza de uma quantidade mensurável da coloração de uma quantidade mínima detectável. Por exemplo, colocar uma pequena quantidade de resíduo em contato com o fio ou evaporar 1 gota de solução, de tal maneira que o sólido fique sobre o fio. Levar o fio e o conteúdo à chama, observando, imediatamente, a cor da chama em torno da partícula. Se a partícula contém mais do que traços de compostos de sódio, aparece uma auréola brilhante, de cor amarelo-claro, em volta da mesma. Não dar atenção à parte superior da chama. Na ausência de sódio, a chama de potássio, vista a olho nu é violeta pálido. Os compostos de potássio são voláteis e suas chamas têm curta duração. Em presença de sódio, a chama de potássio fica mascarada. O vidro de cobalto é capaz de transmitir tanto as raias de comprimento de onda muito curto do violeta como as de comprimento de onda longo do vermelho do potássio, porém é opaco às raias intermediárias amarelas do sódio. Pode-se observar através desse vidro portanto, a chama violeta-avermelhada do potássio em presença de chama de sódio.

*Nota 5.3.2*
Usualmente forma-se um pequeno precipitado. Aqui, novamente, é necessário que o estudante tenha alguma prática no julgamento da quantidade de precipitado para decidir sobre a presença ou não de um cátion no problema. É interessante fazer um teste com uma quantidade conhecida de sódio e comparar as dimensões dos precipitados. O teste à chama é decisivamente mais sensível do que o de precipitação.

*Nota 5.3.3*
A formação de um precipitado amarelo não deve ser tomada como um teste para potássio. Se o potássio está presente, pode haver cristais vermelho-alaranjados cintilantes em suspensão no líquido, e a cor da solução poderá tornar-se brilhante quando se dá a precipitação.

**Identificação do sódio**   Recolher 2 gotas da solução obtida no Processo 5.3 em um tubo de centrífuga. Juntar 4 gotas de acetato de zinco e uranila. Deixar em repouso por 2 ou 3 minutos. O aparecimento de um precipitado amarelo esverdeado indica o **sódio**.

Reação que ocorre:

$$Na^+_{(aq)} + Zn^{2+}_{(aq)} + 3\ UO_2^{2+}_{(aq)} + 9\ C_2H_3O_2^-_{(aq)} \rightleftharpoons NaZn(UO_2)_3(C_2H_3O_2)_{9\ (s)}$$

**Identificação do potássio** Colocar diversas gotas do restante da solução obtida no Processo 5.3 em um tubo de ensaio. Tratar com 1 gota de dipicrilamina, deixar em repouso por alguns minutos. O aparecimento de cristais vermelho-alaranjados, com consequente enfraquecimento da cor da solução, indica o **potássio**.

$$K^+_{(aq)} + [C_6H_2(NO_2)_3]_2\ NNa_{(aq)} \rightleftharpoons [C_6H_2(NO_2)_3]\ NK_{(s)} + Na^+_{(aq)}$$

### ▶ Processo 5.4

**Identificação dos íons amônio** Colocar 2 gotas de uma solução problema em um pequeno tubo de ensaio. Adicionar KOH 2,0 mol/L em excesso. Colocar um pedaço de papel de tornassol vermelho, umedecido com água, na boca do tubo, sem tocar nas suas paredes, e aquecer a solução. A mudança de cor do papel tornassol, do vermelho para o azul, indica a presença de sais de amônio, conforme a Figura 3.8.

Reação que ocorre:

$$NH_{3(aq)} + H_2O \rightleftharpoons NH_4^+_{(aq)} + OH^-_{(aq)}$$

$$\Updownarrow$$

$$KOH_{(aq)} \rightleftharpoons K^+_{(aq)} + OH^-_{(aq)}$$

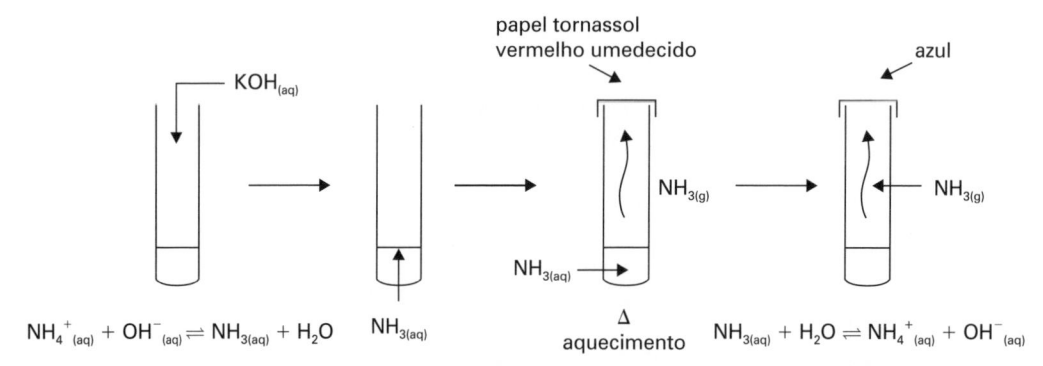

**FIGURA 3.8** Procedimento experimental para identificação de íons $NH_4^+$ com hidróxido de potássio e papel tornassol.

## Identificação dos ânions mais comuns

### Carbonato ($CO_3^{2-}$)

Colocar uma porção de carbonato sólido em um tubo de ensaio. Verter um pequeno volume de água de barita em um outro tubo de ensaio. Ligar os dois tubos com uma conexão de vidro, conforme a Figura 3.9. Adicionar uma porção de HCl 3,0 mol/L ao tubo contendo carbonato e fechá-lo imediatamente. A reação que ocorre é

$$CO_3^{2-}{}_{(aq)} + 2\,H^+{}_{(aq)} \rightleftharpoons CO_{2(g)} + H_2O$$

O $CO_2$ liberado difunde para o outro tubo e turva a água de barita (solução saturada de $Ba(OH)_2$) através da formação de um precipitado branco de $BaCO_3$.

$CO_3^{-}{}_{(aq)} + 2\,H^+{}_{(aq)} \rightleftharpoons H_2O + CO_{2(g)}$    $CO_{2(g)} + Ba^{2+}{}_{(aq)} + 2\,OH^-{}_{(aq)} \rightleftharpoons BaCO_{3(s)} + H_2O$

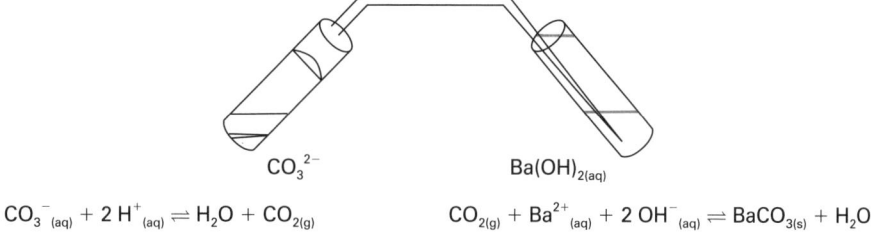

**FIGURA 3.9** Determinação de carbonato com água de barita.

## Cromato ($CrO_4^{2-}$)

Adicionar algumas gotas de solução de íons $Pb^{2+}$ ($Pb(NO_3)_2$, por exemplo) ou de íons $Ba^{2+}$ ($BaCl_2$, por exemplo) a uma solução neutra ou amoniacal de cromato. Verificar a formação de precipitados amarelos dos respectivos sais.

$$Pb^{2+}{}_{(aq)} + CrO_4^{2-}{}_{(aq)} \rightleftharpoons PbCrO_{4(s)}$$

$$Ba^{2+}{}_{(aq)} + CrO_4^{2-}{}_{(aq)} \rightleftharpoons BaCrO_{4(s)}$$

## Nitrato ($NO_3^-$)

Recolher duas a três gotas de uma solução de nitrato em um tubo de ensaio. Adicionar 1 mL (aproximadamente 20 gotas) de $H_2SO_4$ concentrado. Em um segundo tubo, preparar uma solução saturada de sulfato ferroso, $FeSO_4$. Verter vagarosamente o conteúdo do segundo tubo no primeiro. Verificar a formação de um anel marron de $Fe(H_2O)_5NO^{2+}$ que comprova a presença de íons $NO_3^-{}_{(aq)}$.

*Observação*
A presença do íon nitrato é confirmada pela redução do ácido nítrico pelo íon ferroso em elevadas concentrações de ácido sulfúrico. Óxido nítrico, proveniente da redução do $HNO_3$, combina-se com o excesso de íon ferroso para produzir o complexo marrom instável $Fe(H_2O)_5NO^{2+}$.

$$3\,Fe(H_2O)_6^{2+}{}_{(aq)} + NO_3^-{}_{(aq)} + 4\,H^+{}_{(aq)} \rightleftharpoons 3\,Fe(H_2O)_6^{3+}{}_{(aq)} + NO_{(g)} + 2\,H_2O$$

$$Fe(H_2O)_6^{2+}{}_{(aq)} + NO_{(g)} \rightleftharpoons Fe(H_2O)_5NO^{2+}{}_{(aq)} + H_2O$$

## Fluoreto, cloreto, brometo e iodeto ($F_2$, $Cl_2$, $Br_2$, $I_2$)

- **Reação com cátion prata**

    Separar quatro tubos de centrífuga. Usar um tubo para cada uma das seguintes soluções: 3 gotas de solução contendo íons $F^-$, 3 gotas de solução com íons $Cl^-$, 3 gotas de solução com íons $Br^-$ e 3 gotas de solução com íons $I^-$. Adicionar 3 gotas de solução de $AgNO_3$ a cada tubo e verificar:

    a) A não formação de precipitado com íons $F^-$.

    b) A formação de precipitado com íons $Cl^-$, $Br^-$ e $I^-$.

    $$Ag^+_{(aq)} + Cl^-_{(aq)} \rightleftharpoons AgCl_{(s)} \quad \text{(branco)}$$

    $$Ag^+_{(aq)} + Br^-_{(aq)} \rightleftharpoons AgBr_{(s)} \quad \text{(branco amarelado)}$$

    $$Ag^+_{(aq)} + I^-_{(aq)} \rightleftharpoons AgI_{(s)} \quad \text{(amarelo pálido)}$$

    Centrifugar as soluções que contêm AgCl, AgBr e AgI e desprezar os centrifugados. Adicionar 5 gotas de amônia concentrada a cada precipitado (usar a capela) e verificar a solubilização de AgCl e AgBr pela formação do cátion complexo diaminprata.

    $$AgX_{(s)} + 2\,NH_{3(aq)} \rightleftharpoons [Ag(NH_3)_2]^+_{(aq)} + X^-_{(aq)}$$

- **Reação com $MnO_2$ e $H_2SO_4$ concentrado**

    Separar 3 tubos de ensaio. Usar um tubo para cada uma das seguintes soluções: 5 gotas de solução de íons $Cl^-$, 5 gotas de solução de íons $Br^-$ e 5 gotas de solução de íons $I^-$. Adicionar uma pitada de $MnO_2$ aos tubos contendo íons $Cl^-$ e $Br^-$. Preparar 2 tiras de papel de filtro umedecidas em KI e amido para colocar na boca dos tubos contendo íons $Cl^-$ e $Br^-$.

    Trabalhe agora na capela. Adicionar 5 gotas de $H_2SO_4$ concentrado aos dois primeiros tubos e 10 gotas no terceiro ($I^-$). Em seguida, colocar os papéis de filtro na boca dos dois primeiros tubos e aquecer todos em banho d'água. Observar:

    a) A mistura com íons $Cl^-$ desprende vapores ($Cl_2$) que tornam o papel de filtro azul (umedecido com KI e amido)

    $$MnO_{2(s)} + 2\,Cl^-_{(aq)} + 4\,H^+_{(aq)} \rightleftharpoons Mn^{2+}_{(aq)} + Cl_{2(g)} + 2\,H_2O$$

    b) A mistura com $Br^-$ desprende vapores pardo avermelhados e torna o papel de KI e amido azul.

    $$MnO_{2(s)} + 2\,Br^-_{(aq)} + 4\,H^+_{(aq)} \rightleftharpoons Mn^{2+}_{(aq)} + Br_{2(aq)} + 2\,H_2O$$

    c) A mistura com $I^-$ desprende vapores violáceos de $I_{2(g)}$.

- **Reação com sais de chumbo**

    Separar 3 tubos de centrífuga. Usar um tubo para cada uma das seguintes soluções: 3 gotas de solução de íons $Cl^-$, 3 gotas de solução de íons $Br^-$ e 3 gotas de solução de íons $I^-$. Adicionar, a cada tubo, 5 gotas de uma solução de íons $Pb^{2+}$. Verificar a formação de um precipitado branco nos tubos que contêm íons $Cl^-$ e $Br^-$ e de um precipitado amarelo no que contém íons $I^-$.

$$Pb^{2+}_{(aq)} + 2\,Cl^{-}_{(aq)} \rightleftharpoons PbCl_{2(s)} \text{ (branco)}$$

$$Pb^{2+}_{(aq)} + 2\,Br^{-}_{(aq)} \rightleftharpoons PbBr_{2(s)} \text{ (branco)}$$

$$Pb^{2+}_{(aq)} + 2\,I^{-}_{(aq)} \rightleftharpoons PbI_{2(s)} \text{ (amarelo)}$$

- **Reação com $HgCl_2$**

    Colocar 3 gotas de solução de iodeto em um tubo de ensaio. Adicionar 5 gotas de solução de cloreto mercúrico e verificar a formação de um precipitado coral. A reação é a seguinte:

$$Hg^{2+}_{(aq)} + 2\,I^{-}_{(aq)} \rightleftharpoons HgI_{2(s)} \text{ (coral)}$$

- **Reação com $MnO_4^-$ e $CH_3COOH$**

    Colocar 3 gotas de solução de brometo em um tubo de ensaio. Adicionar 3 gotas de ácido acético e 3 gotas de solução de $KMnO_4$. Aquecer em banho d'água, colocando na boca do tubo um papel impregnado de fluoresceína (corante amarelo) previamente umedecido. O papel ficará rosado.

*Observação*

O $Br_2$ liberado reage com a fluoresceína formando tetrabromofluoresceína (eosina), um corante rosado.

## Sulfeto, sulfito, tiossulfato ($S^{2-}$, $SO_3^{2-}$, $S_2O_3^{2-}$)

- **Reação com ácido clorídrico (concentrado)**

    Separar cinco tubos de ensaio. Colocar uma pitada de PbS ou FeS no primeiro tubo, uma espátula rasa de $Na_2SO_3$ em cada um dos dois tubos seguintes e uma de $Na_2S_2O_3$ em cada um dos dois últimos tubos. Separar uma tira de papel de acetato de chumbo para colocar na boca do tubo contendo íons $S^{2-}$. Preparar duas tiras de papel de filtro umedecidas com $K_2Cr_2O_7$ e $H_2SO_4$ 3,0 mol/L, uma delas será colocada na boca de um dos tubos contendo sulfito e a outra, na boca de um dos tubos contendo tiossulfato. Preparar duas tiras de papel de filtro umedecidas com $KMnO_4$ e $H_2SO_4$ 3,0 mol/L – uma para adaptar no último tubo contendo sulfito e a outra para o último tubo contendo tiossulfato.

    Trabalhe na capela. Colocar 5 gotas de HCl concentrado sobre cada um dos cristais, adaptando os papéis nas bordas dos tubos, conforme explicação anterior. Aquecer em banho d'água.

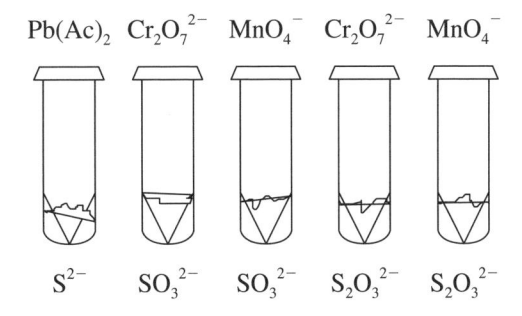

**FIGURA 3.10** Teste em papel para íons sulfeto, sulfito e tiossulfato.

Verificar:

$S^{2-}$: Há desprendimento de $H_2S$, reconhecível pelo cheiro e pelo escurecimento do papel de acetato de chumbo?

$$S^{2-}_{(aq)} + 2\,H^+_{(aq)} \rightleftharpoons H_2S_{(aq)}$$

$$H_2S_{(aq)} + Pb^{2+}_{(aq)} \rightleftharpoons PbS_{(s)} + 2\,H^+_{(aq)}$$
(papel)     (preto)

$SO_3^{2-}$: Há desprendimento de $SO_2$ reconhecível por imprimir uma coloração verde ao papel de dicromato e descorar o papel de permanganato?

$$SO_3^{2-}{}_{(aq)} + 2\,H^+_{(aq)} \rightleftharpoons SO_{2(g)} + H_2O$$

$$3\,SO_{2(g)} + Cr_2O_7^{2-}{}_{(aq)} + 2\,H^+_{(aq)} \rightleftharpoons 2\,Cr^{3+}_{(aq)} + 3\,SO_4^{2-}{}_{(aq)} + H_2O$$
(papel)                           (verde)

$$5\,SO_2 + MnO_4^-{}_{(aq)} + 4\,H_2O \rightleftharpoons 5\,SO_4^{2-}{}_{(aq)} + 2\,Mn^{2+}_{(aq)} + 8\,H^+_{(aq)}$$
(papel)                           (incolor)

$S_2O_3^{2-}$: Há desprendimento de $SO_2$, também reconhecível por imprimir uma coloração verde ao papel de dicromato e descorar o papel de permanganato, a não ser pela turvação da solução pela presença de enxofre elementar?

$$S_2O_3^{2-}{}_{(aq)} + 2\,H^+_{(aq)} \rightleftharpoons SO_{2(g)} + S_{(s)} + H_2O$$

Remover os papéis de filtro e trabalhe com as soluções contidas nos tubos. Adicionar 2 gotas de solução de dicromato aos tubos que continham as tiras de papel com o mesmo reagente. Observar que as soluções tornam-se esverdeadas.

$$3\,SO_3^{2-}{}_{(aq)} + Cr_2O_7^{2-}{}_{(aq)} + 8\,H^+_{(aq)} \rightleftharpoons 3\,SO_4^{2-}{}_{(aq)} + 2\,Cr^{3+}_{(aq)} + 4\,H_2O$$

$$3\,S_2O_3^{2-}{}_{(aq)} + 4\,Cr_2O_7^{2-}{}_{(aq)} + 26\,H^+_{(aq)} \rightleftharpoons 6\,SO_4^{2-}{}_{(aq)} + 8\,Cr^{3+}_{(aq)} + 13\,H_2O$$

Adicionar algumas gotas de solução de permanganato aos tubos que continham as tiras de papel com o mesmo reagente. Observar que a solução de permanganato descora ao entrar em contato com a solução contida no tubos.

## Análise de alguns minérios

A análise qualitativa clássica consiste de um conjunto de procedimentos, ensaios e técnicas que possibilitam a identificação e a composição química dos componentes de uma amostra material. Em geral, as amostras materiais são classificadas como homogêneas (p.ex., gases e líquidos) ou heterogêneas (usualmente, rochas, minerais, minérios, solos e sedimentos marinhos ou continentais, suspensos ou depositados). São conhecidos 92 elementos químicos naturais, sendo 81 deles considerados metais e podem ser encontrados em duas fontes principais: crosta terrestre e oceanos. Nos oceanos, os elementos químicos mais abundantes em partes por milhão são: Cl (18.980), Na (10.560), Mg (1.272), S (884), Ca (400) e K (380). Na crosta terrestre, a camada externa sólida superficial pode atingir uma espessura ao redor de 6 km na crosta oceânica a 70 km na crosta continental (regiões montanhosas) sendo formada por rochas que são misturas de minerais. Os minerais ou minérios podem ocorrer naturalmente na forma de metais livres (cobre, prata, ouro, platina, entre outros) ou por combinações químicas entre metais com outros elementos não metálicos como, por exemplo, silicatos, carbonatos, óxidos, sulfetos, haletos, sulfatos, fosfatos, cromatos, vanadatos, tungstatos, titanatos, entre outros. Nessas formações, os elementos químicos mais abundante em termos percentuais massa por massa da crosta são: O (46,5), Si (27,7), Al (8,1), Fe(5,1), Ca (3,6), Na (2,8), K (2,6), Mg (2,1), Ti (0,6) e H (0,14). Esses 10 elementos constituem um total de 99% da massa da crosta terrestre. Os silicatos são compostos formados de oxigênio e silício que constituem os minerais mais abundantes de todas as formações rochosas.

Os minérios aplicados nesse estudo são representativos das principais classes de minerais de ocorrência natural.

## Calcáreo

Adicionar 5 a 10 gotas de HCl 3,0 mol/L a uma amostra do mineral em tubo de centrífuga, acoplando a um conduto de vidro de maneira a recolher o gás liberado em um tubo de ensaio contendo água de barita. A formação de um precipitado branco identifica o íon carbonato. Continuar a aquecer o tubo de centrífuga em banho d'água até a completa liberação de gás carbônico.

**Precipitado 1** Composto de sílica e silicatos.

**Centrifugado 1** Íons $Ca^{2+}$, $Mg^{2+}$, $Fe^{2+}$, $Al^{3+}$. Adicionar 1 a 2 gotas de $HNO_3$ 3,0 mol/L e aquecer durante três minutos para oxidar íons $Fe^{2+}$ a $Fe^{3+}$. Adicionar, então, 4 gotas de $NH_4Cl$ saturado e alcalinizar com $NH_3$ concentrado, resultando em um novo precipitado (2) e um novo centrifugado (2).

**Precipitado 2** Composto dos hidróxidos de Fe (III) e Al (III). Dissolver em 2 gotas de $HCl_{concentrado}$, a quente, se necessário.

- Solução resultante: Íons $Fe^{3+}$, $Al^{3+}$. Alcalinizar fortemente com KOH 2,0 mol/L, resultando em um precipitado e em um centrifugado.
- Precipitado: $Fe(OH)_3$. Dissolver em 1 ou 2 gotas de $HCl_{concentrado}$ à quente. Adicionar $NH_4CNS$ 3,0 mol/L. O aparecimento de cor vermelho-escuro indica **ferro**.
- Centrifugado: $Al(OH)_4^-$. Acidificar com ácido acético 3,0 mol/L. Adicionar aluminon e alcalinizar fracamente com $NH_3$ 3 mol/L. O aparecimento de flocos vermelhos por aquecimento indica **alumínio**.

**Centrifugado 2** Íons $Ca^{2+}$ e $Mg^{2+}$. Dividir em **duas porções**.

**1ª porção**  Acidificar com ácido acético 3,0 mol/L. Adicionar de 4 a 6 gotas de oxalato de amônio. O aparecimento de um precipitado branco identifica **cálcio**. (Se não houver formação do precipitado, alcalinizar fracamente com $NH_3$ 3,0 mol/L.)

**2ª porção**  Adicionar 5 gotas de KOH 2,0 mol/L e 2 gotas de magneson, agitando vigorosamente por um minuto. Centrifugar. O aparecimento de um precipitado azulado identifica **magnésio**.

## Calcopirita ($CuFeS_2$)

Tratar a quente uma pequena porção do minério com 5 gotas de $HNO_3$ 3,0 mol/L e 1 gota de $HNO_{3\,concentrado}$ durante 5 minutos.

**Precipitado 1**  Enxofre elementar.

**Centrifugado 1**  Solução verde contendo íons cúprico e férrico. Alcalinizar fortemente com $NH_3$ concentrado, resultando em um precipitado (2) e um centrifugado (2).

**Precipitado 2**  $Fe(OH)_3$. Dissolver em 1 a 2 gotas de $HCl_{concentrado}$ à quente. Adicionar $NH_4CNS$ 3 mol/L. O aparecimento de cor vermelho-escuro identifica **ferro**.

**Centrifugado 2**  Tetramin-cobre intensamente corado de azul. A adição de alfa-benzoinoxima produz um precipitado esverdeado.

## Pirolusita ($MnO_2$)

Tratar uma amostra do mineral (finamente pulverizado) com 5 gotas de $HNO_{3concentrado}$, a quente, em tubo de centrífuga, durante cinco minutos. Adicionar 2 gotas de solução de $AgNO_3$ e alguns cristais de periodato de sódio e aquecer durante três minutos. Centrifugar. O aparecimento de cor violácea no centrifugado identifica **permanganato**, resultante da oxidação do $MnO_2$.

## Malaquita ($CuCO_3 \cdot Cu(OH)_2$)

É solúvel em ácidos. Colocar uma porção do mineral (finamente pulverizado) em um tubo de ensaio. Verter um pequeno volume de água de barita em um outro tubo de ensaio. Ligar os dois tubos com uma conexão de vidro em U. Adicionar uma porção de 5 a 10 gotas de HCl 3,0 mol/L ao tubo contendo o mineral e fechá-lo imediatamente. Reconhecer o $CO_2$ desprendido, recolhendo-o em água de barita. A solução clorídrica é tratada com excesso de $NH_3$ 3,0 mol/L. O surgimento de coloração azul do complexo tetramin-cobre indica a presença de íons Cu.

## Calcosina ($Cu_2S$)

Adicionar de 5 a 10 gotas de HCl diluído a uma amostra do mineral em tubo de centrífuga. Reconhecer íons sulfeto ($S^{2-}$) com papel impregnado de acetato de chumbo. Tratar uma nova porção de amostra do mineral (finamente pulverizado) com 5 gotas de $HNO_{3\,concentrado}$ à quente, em tubo de centrífuga, durante cinco minutos. A solução nítrica é tratada com excesso de $NH_3$ 3,0 mol/L. O aparecimento de coloração azul do complexo **tetramin-cobre** indica a presença de íons Cu.

## Galena (PbS)

Tratar uma amostra do mineral (finamente pulverizado) com 5 a 10 gotas de $HCl_{concentrado}$, à quente, em tubo de centrífuga, durante cinco minutos. Ocorre desprendimento de $H_2S$ perceptível pelo cheiro, bem como por enegrecer uma tira de papel embebida com acetato de chumbo. Tratar a solução clorídrica ainda à quente com $NH_3$ 3,0 mol/L até quase a neutralidade. Adicionar 2 gotas de acetato de sódio e 2 gotas de $K_2CrO_4$. O aparecimento de um precipitado amarelo indica a presença de Pb.

Em seguida, adicionar 2 gotas de solução de $AgNO_3$ e alguns cristais de periodato de sódio e aquecer durante três minutos. Centrifugar. O aparecimento de cor violácea no centrifugado identifica **permanganato**, resultante da oxidação do $MnO_2$.

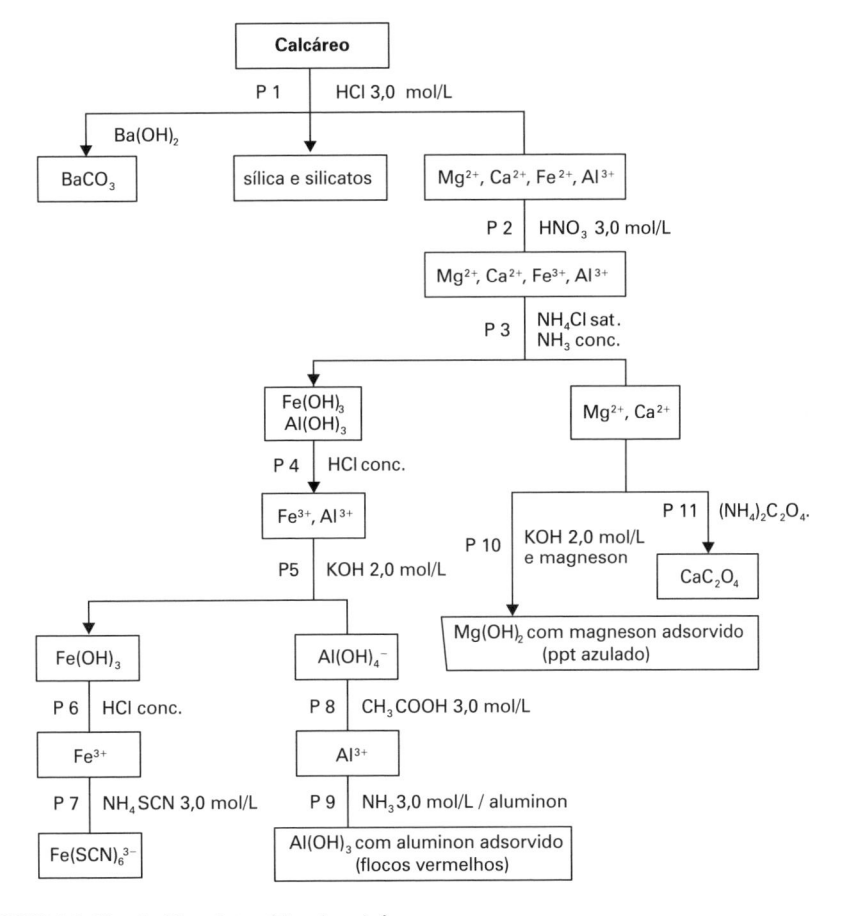

**FIGURA 3.11** Análise sistemática de calcáreo.

## Tratamento e solubilização de amostras sólidas

O primeiro passo na análise de uma substância sólida é convertê-la em uma solução. Os solventes mais empregados são água, ácido clorídrico (diluído e concentrado), ácido nítrico (diluído e concentrado) e água-régia. Naquelas amostras sólidas que não se solubilizam mediante a ação destes solventes, são utilizadas técnicas de fusão, como carbonato de sódio, hidróxido de sódio ou peróxido de sódio. Essas técnicas serão abordadas adiante.

Ao tratar o sólido com esses solventes é sempre recomendável observar cuidadosamente o processo, para verificar se ocorre alguma reação peculiar, como a liberação de um gás. Muitas informações sobre a natureza das substâncias podem ser obtidas dessa maneira, com o uso de vários solventes. Depois que a amostra foi dissolvida, a solução resultante é analisada para cátions e ânions. O estudante deve estar atento para o fato de que nada é inteiramente insolúvel. Pequenas quantidades de qualquer sólido vão dissolver em um determinado solvente, mesmo quando aquele for considerado "insolúvel". Portanto, uma substância não deve ser considerada "solúvel" em um determinado solvente a não ser que se dissolva apreciavelmente.

### Água como solvente

O sólido é tratado primeiramente com água por agitação. Se ele não dissolver a frio, a mistura deverá ser aquecida até o ponto de ebulição. Muitos compostos solúveis em água sofrem dissolução sem sofrer transformação química. Somente algumas substâncias reagem com água. Exemplos:

- Hidrólise:

$$Al_2S_{3(s)} + 6\ H_2O \rightleftharpoons 2\ Al(OH)_{3(s)} + 3\ H_2S_{(g)}$$

- Liberação de oxigênio:

$$Na_2O_{2(s)} + H_2O \rightleftharpoons 2\ Na^+_{(aq)} + 2\ OH^-_{(aq)} + \tfrac{1}{2}\ O_{2(g)}$$

- Liberação de hidrogênio (reação com metais ativos):

$$Mg_{(s)} + 2\ H_2O \rightleftharpoons Mg(OH)_{2(s)} + H_{2(g)}$$

- Formação de sais insolúveis por meio da hidrólise de compostos de Bi, Sb, Sn e Ti:

$$Sb^{3+}_{(aq)} + H_2O + Cl^-_{(aq)} \rightleftharpoons SbOCl_{(s)} + 2\ H^+_{(aq)}$$

### Ácido clorídrico como solvente

Se o sólido não dissolveu completamente em água, o resíduo remanescente é tratado com ácido clorídrico, primeiramente a frio e depois a quente. As seguintes substâncias insolúveis em água dissolvem-se em ácido clorídrico:

- A maioria dos óxidos:

$$CuO_{(s)} + 2\,H^+_{(aq)} \rightleftharpoons Cu^{2+}_{(aq)} + H_2O$$

- A maioria dos sulfetos, exceto CuS, CoS, NiS, HgS e $As_2S_5$:

$$MnS_{(s)} + 2\,H^+_{(aq)} \rightleftharpoons Mn^{2+}_{(aq)} + H_2S_{(g)}$$

- A maioria dos hidróxidos:

$$Fe(OH)_{3(s)} + 3\,H^+_{(aq)} \rightleftharpoons Fe^{3+}_{(aq)} + 3\,H_2O$$

- Sais de ácidos fracos:

$$CaCO_{3(s)} + 2\,H^+_{(aq)} \rightleftharpoons Ca^{2+}_{(aq)} + H_2O + CO_{2(g)}$$

- Sais de ácidos voláteis:

$$MnS_{(s)} + 2\,H^+_{(aq)} \rightleftharpoons Mn^{2+}_{(aq)} + H_2S_{(g)}$$

$$CaCO_{3(s)} + 2\,H^+_{(aq)} \rightleftharpoons Ca^{2+}_{(aq)} + H_2O + CO_{2(g)}$$

- Metais com potencial de redução negativo (ou potencial de oxidação positivo):

$$Zn_{(s)} + 2\,H^+_{(aq)} \rightleftharpoons Zn^{2+}_{(aq)} + H_{2(g)}$$

*Observação*

Pb não dissolve em HCl, mesmo apresentando $\varepsilon^0$ de redução negativo, pois ocorre formação de $PbCl_2$ pouco solúvel. O Sn apresenta dissolução muito lenta a frio.

Se o ácido clorídrico diluído não produz efeito, é adicionado ácido concentrado e a mistura é aquecida até a ebulição. Esse tratamento dissolverá certas substâncias que podem não ter reagido completamente com o ácido diluído.

Se algum gás for liberado durante o processo, ele deverá ser testado para determinar sua identidade (ver Tabela 3.3).

**TABELA 3.3** Gases liberados no tratamento de determinadas substâncias com ácido clorídrico

| O tratamento de ... | com HCl provoca a liberação de... |
|---|---|
| Sulfetos | Gás sulfídrico |
| Carbonatos | Gás carbônico |
| Metais com $\varepsilon^0_{redução} < 0$ | Gás hidrogênio |
| Agentes oxidantes | Ex: $MnO_{2(s)} + 2\,Cl^-_{(aq)} + 4\,H^+_{(aq)} \rightleftharpoons Mn^{2+}_{(aq)} + Cl_{2(g)} + H_2O$ |

## Ácido nítrico como solvente

As substâncias insolúveis remanescentes dos dois processos anteriores são tratadas com ácido nítrico a quente. Exemplos:

- Todos os sulfetos, exceto HgS:

$$3\,CuS_{(s)} + 2\,NO_3^-{}_{(aq)} + 8\,H^+_{(aq)} \rightleftharpoons 3\,Cu^{2+}_{(aq)} + 2\,NO_{(g)} + 3\,S^0 + 4\,H_2O$$

- Cloretos, brometos e iodetos de chumbo II e mercúrio mercuroso.
- A maioria dos metais, incluindo os que apresentam potencial de redução positivo (como cobre, prata, mercúrio). Sendo o ácido nítrico um agente oxidante, o cátion resultante da dissolução do metal apresenta-se no seu estado de oxidação mais elevado.

$$3\ Hg_{(s)} + 2\ NO_3^-{}_{(aq)} + 8\ H^+{}_{(aq)} \rightleftharpoons 3\ Hg^{2+}{}_{(s)} + 2\ NO_{(g)} + 4\ H_2O$$

- Metais como Sb e Sn não dissolvem por causa da formação de óxidos insolúveis ($SnO_2$ e $Sb_2O_3/Sb_2O_5$):

$$Sn_{(s)} + 4\ NO_3^-{}_{(aq)} + 4\ H^+{}_{(aq)} \rightleftharpoons SnO_{2(s)} + 4\ NO_{(g)} + 2\ H_2O$$

- O arsênio é oxidado a ácido arsênico solúvel:

$$As_{(s)} + 5\ NO_3^-{}_{(aq)} + 5\ H^+{}_{(aq)} \rightleftharpoons H_3AsO_{4(aq)} + 5\ NO_{2(g)} + H_2O$$

*Observação*
Metais nobres como ouro, platina, ósmio, irídio e háfnio não sofrem dissolução.

O comportamento do sólido durante o processo de dissolução fornece importantes pistas sobre a composição do material (ver Tabela 3.4).

**TABELA 3.4** Efeito esperado no tratamento de determinadas substâncias com ácido nítrico

| O ataque sobre... | provoca a formação de... |
|---|---|
| Sulfetos | Enxofre elementar |
| Iodetos | Vapores violáceos de iodo elementar |
| Brometos | Vapores castanhos de bromo elementar |
| Agentes redutores em geral | Vapores castanhos de $NO_2$ |

## Água-régia como solvente

O resíduo resultante do tratamento com ácido nítrico é finalmente atacado com água-régia. Dissolvem-se as seguintes substâncias:

- Sulfeto mercúrico:

$$3\ HgS_{(s)} + 2\ NO_3^-{}_{(aq)} + 12\ Cl^-{}_{(aq)} + 8\ H^+{}_{(aq)} \rightleftharpoons 3\ HgCl_4^{2-}{}_{(aq)} + 2\ NO_{(g)} + 3\ S^0 + 4\ H_2O$$

- Metais nobres:

$$Au_{(s)} + NO_3^-{}_{(aq)} + 4\ Cl^-{}_{(aq)} + 4\ H^+{}_{(aq)} \rightleftharpoons AuCl_4^-{}_{(aq)} + NO_{(g)} + 2\ H_2O$$
(tetracloroaurato)

$$3\ Pt_{(s)} + NO_3^-{}_{(aq)} + 18\ Cl^-{}_{(aq)} + 16\ H^+{}_{(aq)} \rightleftharpoons 3\ PtCl_6^{2-}{}_{(aq)} + 4\ NO_{(g)} + 8\ H_2O$$
(hexacloroplatinato)

Se o sólido dissolve-se em água-régia com a formação de resíduo de enxofre elementar, é provável, então, que se trate de sulfeto mercúrico. Metais nobres dissolvem-se vagarosamente, sem a formação de resíduo.

No ataque de ligas metálicas com água-régia é interessante iniciar o processo com ácido clorídrico para evitar a passivação de certos metais como Al, Cr e Pb – ou seja, a formação de óxido superficial que pode impedir um ataque posterior. O aparecimento de um resíduo branco durante o ataque de uma liga metálica com água-régia pode indicar a presença de AgCl e/ou $PbCl_2$.

Se alguma substância permanecer não dissolvida após todo esse tratamento, ela é classificada como insolúvel em ácidos e necessitará ser dissolvida com solventes especiais ou por fusão alcalina com carbonato de sódio ou hidróxido de sódio.

## Técnicas de fusão

A solubilização total de uma amostra insolúvel em água e ácidos pode ser efetuada por técnicas de fusão alcalina em cadinhos de platina utilizando como composto fundente carbonato de sódio e/ou potássio ou em cadinhos de níquel ou ferro utilizando hidróxido de sódio ou peróxido de sódio já que essas substâncias atacam os cadinhos de platina.

### Substâncias insolúveis em ácidos

As seguintes substâncias não dissolvem em ácidos, em uma extensão apreciável:

- Alguns elementos livres, como C, S e Si
- Determinados sais de chumbo, como $PbSO_4$ e $PbCrO_4$
- Alguns sais de prata, como AgCl, AgBr, AgI, AgCN, $Ag_3Fe(CN)_6$ e $Ag_4Fe(CN)_6$
- Sulfatos de cátions do Grupo IV, como $BaSO_4$ e $SrSO_4$ ($CaSO_4$ é levemente solúvel em água)
- Sais de cromo anidros, como $CrCl_3$ e $Cr_2(SO_4)_3$
- Determinados óxidos ignificados, como $SnO_2$, $Al_2O_3$, $Cr_2O_3$, $TiO_2$, $Sb_2O_3$ e $Sb_2O_5$
- Sílica ($SO_2$) e vários silicatos
- Outras substâncias, como $CaF_2$, $Fe[Fe(CN)_6]_3$ (azul da Prússia) e SiC (carborundum)

### Carbonato de potássio como solvente

Muitas substâncias consideradas insolúveis em ácidos podem se tornar solúveis ao serem tratadas com uma solução concentrada de carbonato de potássio (50%) por ebulição. Isso ocasiona uma reação de dupla troca, na qual o cátion é geralmente convertido em um carbonato insolúvel em água, e o ânion forma um sal solúvel de potássio.

**Exemplo** $BaSO_4 + K_2CO_3 \rightarrow BaCO_3 + K_2SO_4$

Após esse tratamento, a mistura é filtrada (ou centrifugada), e a solução é testada para o ânion. O carbonato insolúvel é dissolvido em ácido clorídrico e testado para o cátion.

### Fusão alcalina com carbonato de sódio ou potássio

Se a solução a 50% de carbonato de potássio não teve efeito sobre o resíduo, o mesmo é retirado do papel de filtro, secado e, então, misturado com carbonato de sódio (e/ou de potássio) com um pouco de peróxido de sódio, ambos sólidos, em um cadinho de níquel. O conjunto é aquecido ao rubro por 15 minutos, pelo menos. A fusão converterá as substâncias insolúveis remanescentes em uma forma solúvel em água ou ácidos. O peróxido de sódio é adicionado como agente oxidante para converter sais crômicos insolúveis em cromatos e também para oxidar matérias orgânicas.

$$Al_2O_3 + Na_2CO_3 \rightleftharpoons 2\ NaAlO_2 + CO_{2(g)}$$

$$SnO_2 + Na_2CO_3 \rightleftharpoons Na_2SnO_3 + CO_{2(g)}$$

$$SiO_2 + Na_2CO_3 \rightleftharpoons Na_2SiO_3 + CO_{2(g)}$$

$$2\ Cr_2O_3 + Na_2CO_3 + 3\ Na_2O_2 \rightleftharpoons 4\ Na_2CrO_4 + CO_{2(g)}$$

$$CaAl_2(SiO_4)_2 + 5\ Na_2CO_3 \rightleftharpoons 2\ Na_4SiO_4 + CaCO_3 + 2\ NaAlO_2 + CO_{2(g)}$$

Após o resfriamento, a massa fundida é tratada com água quente e, subsequentemente, filtrada. O resíduo consiste de carbonatos e hidróxidos insolúveis, e o filtrado contém sais sódicos solúveis dos ânions e elementos anfóteros. O resíduo é solubilizado em ácido clorídrico e é analisado para os cátions apropriados.

## Modelo de questão sobre a análise sistemática

Uma solução-problema pode conter cátions de todos os grupos. Descrevemos a seguir a análise sistemática de tal solução.

Uma porção da solução foi alcalinizada com KOH 2,0 mol/L e aquecida em banho d'água com papel tornassol vermelho umedecido na extremidade do tubo de ensaio. Não houve mudança de coloração do papel. O restante da solução foi tratado com HCl 3,0 mol/L, formando-se um precipitado (ppt) branco (a) e um centrifugado (a). O ppt (a) mostrou-se parcialmente solúvel em água quente.

O centrifugado (a), após tratamento com 1 gota de $HNO_3$ à quente, foi saturado em $H_2S$ em meio ácido convenientemente ajustado, resultando um ppt (b) e um centrifugado (b). O ppt (b) foi tratado com KOH 2,0 mol/L, não apresentando solubilização. Em seguida, esse ppt (b) foi tratado com $HNO_3$ 3,0 mol/L, obtendo-se, então, um ppt (b') e um centrifugado (b'). O centrifugado (b'), ao ser tratado com amônia concentrada, produziu apenas um centrifugado incolor.

O centrifugado (b), após tratamento com tioacetamida a quente, em meio amoniacal tamponado, produziu um ppt (c) e um centrifugado (c). O ppt (c) foi dissolvido completamente em HCl concentrado, obtendo-se a solução (c'). Essa solução, após fortemente alcalinizada com KOH e tratada com peróxido de sódio, produziu um ppt (c") e um centrifugado incolor (c"). Esse centrifugado (c") não apresentou coloração vermelha na fase aquosa após agitação com ditizona em $CCl_4$. O ppt (c") foi dissolvido em HCl concentrado e a solução obtida resultou em teste negativo com sulfocianeto de amônio 3,0 mol/L.

O centrifugado (c) foi tratado com hidrogenofosfato de amônio em meio amoniacal resultando um ppt branco (d) e um centrifugado (d). Esse ppt (d), após dissolução com ácido acético 3,0 mol/L, produziu uma solução que resultou em teste negativo com $K_2CrO_4$ e também com $(NH_4)_2SO_4$.

A partir dessas informações, complete o quadro a seguir:

| Ppt (a) | Centrifugado (a) |
|---|---|
| Precipitado (b) | Centrifugado (b) |
| Precipitado (b') | Centrifugado (b') |
| Precipitado (c) | Centrifugado (c) <br> Solução (c') |
| Precipitado (c'') | Centrifugado (c'') |
| Precipitado (d) | Centrifugado (d) |

Responda:

1. Quais cátions estão certamente presentes na solução-problema?
2. Quais cátions possivelmente estão presentes e quais necessitariam de mais testes para confirmar sua presença?

# Capítulo 4

# Aplicação do equilíbrio químico na análise sistemática

Os tópicos abordados neste capítulo estão intimamente relacionados com os procedimentos e as operações realizadas nas aulas práticas de Análise Sistemática dos Cátions. A ênfase maior está nos princípios teóricos que norteiam a resolução de problemas de natureza quantitativa envolvendo os equilíbrios iônicos estudados.

## Precipitação fracionada de sulfetos

Na análise sistemática, os cátions dos Grupos II e III precipitam sob a ação do mesmo reagente coletor – o $H_2S$ gerado pela hidrólise a quente da tioacetamida, segundo a equação:

$$CH_3-C(=S)(NH_{2\,(aq)}) + 2H_2O \longrightarrow CH_3COO^-_{(aq)} + NH_4^+_{(aq)} + H_2S_{(g)}$$

$H_2S$: é um ácido fraco diprótico que apresenta duas constantes de ionização conforme descrito abaixo:

$$H_2S_{(aq)} + H_2O \rightleftharpoons HS^-_{(aq)} + H_3O^+_{(aq)} \qquad K_{a1} = 7{,}5 \times 10^{-8}$$

$$HS^-_{(aq)} + H_2O \rightleftharpoons S^{2-}_{(aq)} + H_3O^+_{(aq)} \qquad K_{a2} = 1{,}2 \times 10^{-15}$$

Na realidade, o agente precipitante efetivo é o íon sulfeto ($S^{2-}$), que pode formar precipitados (ppt) com cátions metálicos dos Grupos II e III, conforme os exemplos a seguir.

$$Cd^{2+}_{(aq)} + S^{2-}_{(aq)} \rightleftharpoons CdS_{(s)} \text{ ppt amarelo (Grupo II)}$$

$$Co^{2+}_{(aq)} + S^{2-}_{(aq)} \rightleftharpoons CoS_{(s)} \text{ ppt preto (Grupo III)}$$

Em meio caracteristicamente ácido (valores de pH baixos), a concentração de íons sulfeto é muito baixa, e, nessas condições, precipitam sulfetos metálicos pouco solúveis, de menor $K_{PS}$. Aumentando-se o pH (valores de pH altos), a concentração de íons sulfeto aumenta, e, nessas condições, precipitam sulfetos metálicos mais solúveis, de maior $K_{PS}$.

Considerando que os sulfetos metálicos menos solúveis constituem o Grupo II e os sulfetos metálicos mais solúveis constituem o Grupo III, a precipitação deve ser iniciada em meio ácido para separar o Grupo II e, subsequentemente, aumenta-se o pH para precipitar o Grupo III.

O ácido diprótico fraco $H_2S$ apresenta três alfa-valores:

$$\alpha_0 = \frac{[H_2S]}{C_T} \qquad \alpha_1 = \frac{[HS^-]}{C_T} \qquad \alpha_2 = \frac{[S^{2-}]}{C_T}$$

$$C_{H_2S} = C_T = [H_2S] + [HS^-] + [S^{2-}]$$

onde $C_T$ representa a concentração total de ácido diprótico fraco, $H_2S$, sendo igual a soma das concentrações de equilíbrio de todas as espécies individuais.

Onde

$$\alpha_0 + \alpha_1 + \alpha_2 = 1$$

A concentração de íons sulfeto pode ser expressa por $[S^{2-}] = \alpha_2 \cdot C_T$
Conforme dedução da página 22,

$$\alpha_2 = \frac{K_1 K_2}{[H_3O^+]^2 + K_1[H_3O^+] + [K_1 K_2]}$$

$$[S^{2-}] = \frac{K_1 K_2 C_T}{[H_3O^+]^2 + K_1[H_3O^+] + [K_1 K_2]}$$

Em meio ácido (pH < 7): $[H_3O^+]^2 >> K_1 [H^+] >> K_1 K_2$
A expressão da $[S^{2-}]$ pode ser escrita como:

Em meio ácido: $[S^{2-}] = \dfrac{K_1 K_2 C_T}{[H_3O^+]^2}$  ou  $[H^+]^2 [S^{2-}] = K_1 K_2 C_T$

Portanto, para uma solução saturada de $H_2S$ e em meio aquoso a $C_T \approx 0,10$ mol/L, a expressão reduzida fica:

$$[H_3O^+]^2 [S^{2-}] = 5,7 \times 10^{-8} \times 1,2 \times 10^{-15} \times 0,10 = 6,8 \times 10^{-24}$$

A Tabela 4.1 apresenta a concentração mínima de íons hidrônio necessária para evitar a precipitação dos sulfetos metálicos em solução aquosa cuja a concentração dos respectivos cátions metálicos é 0,0100 mol/L.

**TABELA 4.1** Efeito da concentração de hidrônio sobre a precipitação de diferentes sulfetos metálicos (supondo concentração do cátion do metal igual a $10^{-2}$ mol/L)

| Sulfeto | $K_{PS}$ | $[S^{2-}]_{máx}$, mol/L | $[H_3O^+]_{mín}$, mol/L |
|---|---|---|---|
| HgS | $1,6 \times 10^{-54}$ | $1,6 \times 10^{-52}$ | $2,3 \times 10^{14}$ |
| CuS | $8,0 \times 10^{-37}$ | $8,0 \times 10^{-35}$ | $2,9 \times 10^{5}$ |
| PbS | $1,2 \times 10^{-28}$ | $1,2 \times 10^{-26}$ | $2,4 \times 10$ |
| SnS | $1,2 \times 10^{-27}$ | $1,2 \times 10^{-25}$ | $7,5$ |
| CdS | $8,0 \times 10^{-27}$ | $8,0 \times 10^{-25}$ | $2,9$ |
| ZnS | $1,6 \times 10^{-23}$ | $1,6 \times 10^{-21}$ | $6,5 \times 10^{-2}$ |
| CoS | $5,0 \times 10^{-22}$ | $5,0 \times 10^{-20}$ | $1,2 \times 10^{-2}$ |
| NiS | $3,0 \times 10^{-21}$ | $3,0 \times 10^{-19}$ | $4,8 \times 10^{-3}$ |
| FeS | $4,0 \times 10^{-19}$ | $4,0 \times 10^{-17}$ | $4,1 \times 10^{-4}$ |
| MnS | $7,0 \times 10^{-16}$ | $7,0 \times 10^{-14}$ | $9,9 \times 10^{-6}$ |

## Precipitação controlada de hidróxidos

No momento da precipitação dos cátions do Grupo III, o pH da solução deve ser previamente tamponado para evitar a coprecipitação dos cátions do Grupo IV, principalmente do íon $Mg^{2+}$ na forma de $Mg(OH)_2$.

A precipitação do Grupo III deve ser efetuada em meio amoniacal controlado (faixa de pH entre 9,0 a 9,5). O controle do pH é feito através do tampão amônia-amônio, cujo comportamento é regido pelo equilíbrio iônico

$$NH_{3\,(aq)} + H_2O = NH_4^+{}_{(aq)} + OH^-{}_{(aq)}$$

onde

$$K_b = 1,8 \times 10^{-5}.$$

Assim,

$$K_b = [NH_4^+][OH^-]/[NH_3] \quad \text{ou} \quad [OH^-] = K_b[NH_3]/[NH_4^+].$$

Portanto, ajustando-se convenientemente o valor da razão $[NH_3]/[NH_4^+]$ é possível acertar o pH no intervalo adequado.

A Tabela 4.2 mostra a concentração mínima de íons amônio capaz de evitar a precipitação de diferentes hidróxidos metálicos em solução aquosa cuja a concentração do respectivo cátion metálico é 0,0100 mol/L e a concentração de amônia em solução é 0,100 mol/L.

**TABELA 4.2** Efeito da concentração do íon amônio sobre a precipitação de hidróxidos metálicos (supondo concentração do cátion do metal igual a $10^{-2}$ mol/L e a concentração de amônia livre igual a $10^{-1}$ mol/L)

| Hidróxido | $K_{PS}$ | $[OH^-]_{máx}$, mol/L | $[NH_4^+]_{mín}$, mol/L |
|---|---|---|---|
| $Mg(OH)_2$ | $1,1 \times 10^{-11}$ | $3,3 \times 10^{-5}$ | $0,054$ |
| $Mn(OH)_2$ | $2,0 \times 10^{-13}$ | $4,5 \times 10^{-6}$ | $0,40$ |
| $Fe(OH)_2$ | $1,8 \times 10^{-15}$ | $4,2 \times 10^{-7}$ | $4,3$ |
| $Ni(OH)_2$ | $1,6 \times 10^{-16}$ | $1,3 \times 10^{-7}$ | $14$ |
| $Zn(OH)_2$ | $4,5 \times 10^{-17}$ | $6,7 \times 10^{-8}$ | $25$ |
| $Cr(OH)_3$ | $6,7 \times 10^{-31}$ | $4,1 \times 10^{-9}$ | $4,4 \times 10^{3}$ |
| $Al(OH)_3$ | $5,0 \times 10^{-33}$ | $7,9 \times 10^{-11}$ | $2,3 \times 10^{4}$ |
| $Fe(OH)_3$ | $6,0 \times 10^{-38}$ | $1,8 \times 10^{-12}$ | $1,0 \times 10^{6}$ |

## Dissolução de precipitados iônicos

O equilíbrio genérico

$$M_xA_{y\,(s)} \rightleftharpoons x\,M^{Y+}_{(aq)} + y\,A^{x-}_{(aq)}$$

indica que o precipitado $M_xA_y$ pode ser dissolvido se as concentrações dos íons $M^{Y+}$ e $A^{x-}$ são reduzidas suficientemente. A redução das concentrações é feita pela remoção dos íons via reações químicas. A remoção dos ânions é mais comum, podendo ocorrer das seguintes formas: conversão em ácidos fracos, conversão em íons complexos e oxidação de ânions.

### Conversão em ácidos fracos

Sais pouco solúveis em água dissolvem-se em ácidos somente quando existe uma relação favorável entre o $K_{PS}$ do sal e a constante $K_a$ do ácido fraco formado. Tal adequação é encontrada nos hidróxidos e carbonatos onde os $K_{PS}$ não são muito baixos e os ácidos formados são comparativamente fracos. Já os sulfetos apresentam maior resistência à solubilização. Sais derivados a partir de ânions básicos muito fracos, como $BaSO_4$ e $AgBr$, mostram pouca tendência para disssolver em ácidos, devido à falta de combinação favorável entre o ânion e o íon hidrônio.

Exemplos:

$$Mg(OH)_{2(aq)} + 2\,H^+_{(aq)} = Mg^{2+}_{(aq)} + 2\,H_2O$$

$$BaCO_3 + 2\,H^+_{(aq)} = Ba^{2+}_{(aq)} + H_2O + CO_{2(g)}$$

$$MnS + 2\,H^+_{(aq)} = Mn^{2+}_{(aq)} + H_2S_{(g)}$$

### Conversão em íons complexos

Na análise qualitativa sistemática é usual utilizar amônia para dissolver haletos de prata envolvendo a reação genérica:

$$AgX_{(s)} + 2\,NH_{3\,(aq)} \rightleftharpoons Ag(NH_3)_2^+{}_{(aq)} + X^-_{(aq)}$$

onde, por exemplo, $X = Cl^-$, $Br^-$ ou $I^-$

É possível calcular a constante de equilíbrio ou reacional para essa reação bem como as concentrações de equilíbrio de haleto e amônia em solução aquosa a partir dos equilíbrios de dissolução do precipitado e formação do complexo, considerando os seguintes equilíbrios:

$$AgX_{(s)} \rightleftharpoons Ag^+_{(aq)} + X^-_{(aq)} \qquad K_{PS} = [Ag^+][Cl^-]$$

$$Ag^+_{(aq)} + 2\,NH_{3\,(aq)} \rightleftharpoons Ag(NH_3)_2^+{}_{(aq)} \qquad K_{est} = [Ag(NH_3)_2^+] / [Ag^+][NH_3]$$

Somando as reações e multiplicando membro a membro, resulta em:

$$AgX_{(s)} + 2\,NH_{3\,(aq)} \rightleftharpoons Ag(NH_3)_2^+{}_{(aq)} + X^-_{(aq)} \qquad K = K_{PS} \cdot K_{est},$$

ou seja

$$K_{PS} \cdot K_{est} = [X^-]^2 / [NH_3]^2 \text{ ou } K_{PS} / K_{inst} = [X^-]^2 / [NH_3]^2$$

onde $K_{est} = 1 / K_{inst}$

Em outras palavras, à medida que se aumenta a concentração de $NH_3$, ocorre um aumento na concentração de íons complexos $Ag(NH_3)_2^+$ e uma diminuição na concentração de íons $Ag^+$, para que a relação de equilíbrio permaneça constante. Quando essa redução da concentração de íons $Ag^+$ atingir o valor tal que o produto $[Ag^+] \cdot [Cl^-]$ seja menor que o produto de solubilidade do AgCl haverá dissolução total do precipitado.

## Oxidação de ânions

A maioria da reações encontradas na análise qualitativa podem ser classificadas como reações simples ou competitivas ácido-base, de precipitação ou de formação de ions complexos. No entanto, existem situações em que é necessário recorrer a uma outra espécie de reação envolvendo oxidação e redução para que a mudança desejada ocorra. Tal situação pode ser observada com os sulfetos metálicos do subgrupo II-A ($Cu^{2+}$, $Cd^{2+}$, $Pb^{2+}$ e $Bi^{3+}$), que são extremamente insolúveis em soluções ácidas (exceto ácido nítrico) e geralmente não são atacados por agentes complexantes usuais.

Por exemplo, o ânion sulfeto ($S^{2-}$) é um agente redutor e pode ser removido por oxidação a um estado não presente no equilíbrio original. Esse é o caso da solubilidade da maioria dos sulfetos em ácido nítrico.

Exemplo:

$$3 \, CuS_{(s)} + 2 \, NO_3^-{}_{(aq)} + 8 \, H^+{}_{(aq)} \rightleftharpoons 3 \, Cu^{2+}{}_{(aq)} + 2 \, NO_{(g)} + 3 \, S^0 + 4 \, H_2O$$

Nessa reação, o íon sulfeto é, na verdade, oxidado segundo a reação:

$$3 \, S^{2-}{}_{(aq)} + 2 \, NO_3^-{}_{(aq)} + 8 \, H^+{}_{(aq)} \rightleftharpoons 2 \, NO_{(g)} + 3 \, S^0 + 4 \, H_2O$$

No caso do sulfeto mercúrico, o ataque é feito com água-régia:

$$3 \, HgS_{(s)} + 2 \, NO_3^-{}_{(aq)} + 12 \, Cl^-{}_{(aq)} + 8 \, H^+{}_{(aq)} \rightleftharpoons 3 \, HgCl_4^{2-}{}_{(aq)} + 2 \, NO_{(g)} + 3 \, S^0 + 4 \, H_2O$$

A água-régia não é mais oxidante que o $HNO_{3concentrado}$. A solubilização deve-se à formação do complexo $HgCl_4^{2-}$. Sais contendo íons, como brometo, iodeto, cianeto, arsenito, sulfito e oxalato, são atacados da mesma forma por agentes oxidantes.

As Tabelas 4.3, 4.4 e 4.5 apresentadas a seguir serão úteis para consulta e para a resolução de exercícios envolvendo os tópicos recém descritos.

**TABELA 4.3** Constantes do produto de solubilidade de sais pouco solúveis

| Composto pouco solúvel | $K_{PS}$ | Composto pouco solúvel | $K_{PS}$ |
|---|---|---|---|
| AgCl | $1,8 \times 10^{-10}$ | $Fe(OH)_2$ | $8,0 \times 10^{-16}$ |
| AgBr | $5,0 \times 10^{-13}$ | $Fe(OH)_3$ | $6,0 \times 10^{-38}$ |
| $Al(OH)_3$ | $5,0 \times 10^{-33}$ | HgS | $1,6 \times 10^{-54}$ |
| $BaCO_3$ | $5,5 \times 10^{-10}$ | $Mg(OH)_2$ | $1,1 \times 10^{-11}$ |
| $Ca_3(PO_4)_2$ | $1,0 \times 10^{-26}$ | $Mn(OH)_2$ | $4,5 \times 10^{-14}$ |

(continua)

**TABELA 4.3** *Continuação*

| Composto pouco solúvel | $K_{PS}$ | Composto pouco solúvel | $K_{PS}$ |
|---|---|---|---|
| CdS | $8,0 \times 10^{-27}$ | MnS | $7,0 \times 10^{-16}$ |
| $Ce(IO_3)_3$ | $3,2 \times 10^{-10}$ | $PbCrO_4$ | $1,17 \times 10^{-10}$ |
| $Cr(OH)_3$ | $1,0 \times 10^{-30}$ | PbS | $1,2 \times 10^{-28}$ |
| CoS | $5,0 \times 10^{-22}$ | SnS | $1,2 \times 10^{-27}$ |
| $Cu(OH)_2$ | $1,6 \times 10^{-19}$ | $SrCrO_4$ | $3,6 \times 10^{-5}$ |
| CuS | $8,0 \times 10^{-37}$ | ZnS | $1,6 \times 10^{-23}$ |
| $Cu_2S$ | $2,5 \times 10^{-48}$ | | |

**TABELA 4.4** Constantes de equilíbrio mais frequentes de íons complexos, ácidos e bases fracas

| $K_{inst}$ | $K_b$ |
|---|---|
| $HgCl_4^{2-} = 1,1 \times 10^{-16}$ | $NH_3 = 1,8 \times 10^{-5}$ |
| $Ag(NH_3)_2^+ = 6,8 \times 10^{-8}$ | $C_{10}H_{15}ON = 1,4 \times 10^{-4}$ |
| $Cu(CN)_3^{2-} = 5,0 \times 10^{-28}$ | $K_a$ |
| $Cd(CN)_4^{2-} = 8,0 \times 10^{-18}$ | $CH_3COOH\ K_1 = 1,8 \times 10^{-5}$ |
| $Cd(NH_3)_4^{3+} = 7,5 \times 10^{-8}$ | $H_3PO_4: K_1 = 7,5 \times 10^{-3}$ |
| $Cu(NH_3)_4^{3+} = 4,6 \times 10^{-14}$ | $K_2 = 6,2 \times 10^{-8}$ |
| $Fe(SCN)^{3+} = 1,04 \times 10^{-3}$ | $K_3 = 4.8 \times 10^{-13}$ |
| | $H_2S: K_1 = 5,7 \times 10^{-8}$ |
| | $K_2 = 1,2 \times 10^{-15}$ |
| | $H_2CO_3: K_1 = 4,6 \times 10^{-7}$ |
| | $K_2 = 4,4 \times 10^{-11}$ |

**TABELA 4.5** Potenciais padrão ($\varepsilon^0$) de redução a 298 K (25°C)

| | |
|---|---|
| $(NO_3^-/NO) = 0,960$ V | $(Ca^{2+}/Ca^0) = -2,87$ V |
| $(Hg^{2+}/Hg^0) = +0,854$ V | $(Ca(OH)_2/Ca^0, OH^-) = -3,03$ V |
| $(HgCl_4^-/Hg^0, Cl^-) = +048$ V | $(Cd^{2+}/Cd^0) = -0,403$ V |
| $(S^0/H_2S) = +0,141$ V | $(CdS/Cd^0, S^{2-}) = -1,24$ V |
| $(Fe^{3+}/Fe^{2+}) = +0,771$ V | $(Pb^{2+}/Pb^0) = -0,126$ V |
| $(HO_2^-/OH^-) = +0,880$ V | $(PbCO_3/Pb^0, CO_3^{2-}) = -0,506$ V |
| $((Ni^{2+}/Ni^0) = -0,250$ V | $(Zn^{2+}/Zn^0) = -0,763$ V |
| $(O_{2(g)}H^+/H_2O_{(l)}) = -1,229$ V | $(Zn(CN)_4^{2-}/Zn^0, CN^-) = -0,506$ V |
| $(MnO_4^-/Mn^{2+}) = +1,51$ V | $(Co^{2+}/Co^0) = -0,277$ V |
| $(Br_2/Br^-) = -1,065$ V | $(Co(NH_3)_6^{2+}/Co^0, NH_3) = -0,42$ V |

# Exercícios resolvidos

Após estudar os aspectos teóricos e a aplicação da Análise Qualitativa Clássica em escala semimicro na Análise Sistemática de Cátions, é a vez de colocar todo esse conhecimento em prática. Este capítulo é dedicado à resolução de questões, visando à melhor compreensão da teoria apresentada ao longo deste livro.

## Exercício 1

As concentrações de HI, $H_2$ e $I_2$ em equilíbrio em um sistema fechado são, respectivamente, $1,559 \times 10^{-3}$ mol/L, $3,56 \times 10^{-3}$ mol/L e $1,25 \times 10^{-3}$ mol/L a 425,5°C. Calcule a constante de equilíbrio nesta temperatura, considerando o seguinte sistema gasoso em equilíbrio:

$$2HI_{(g)} \rightleftharpoons H_{2(g)} + I_{2(g)}$$

### Solução

A constante de equilíbrio para a reação é expressa como

$$K = [H_2][I_2] / [HI]^2$$

que, por substituição direta, resulta em

$K = (3,56 \times 10^{-3} \text{ mol/L}) (1,25 \times 10^{-3} \text{ mol/L}) / (1,559 \times 10^{-3} \text{ mol/L})^2$
$= 1,831 \times 10^{-2}$
$= 0,01831$

## Exercício 2

Calcule as concentrações de equilíbrio de hidrogênio e iodo na fase gasosa depois do aquecimento de iodeto de hidrogênio puro em um sistema fechado a 425,5°C, resultando em uma concentração de equilíbrio de HI remanescente igual a $1,20 \times 10^{-2}$ mol/L.

### Solução
A partir da equação de equilíbrio do exercício 1, segue que, no equilíbrio, $[H_2] = [I_2]$, desde que para cada mol de hidrogênio é produzido 1 mol de iodo. Substituindo na expressão da constante de equilíbrio, temos

$$K = [H_2][I_2]/[HI]^2 = [H_2]^2/(1,20 \times 10^{-2} \text{ mol/L})^2$$
$$= [I_2]^2/(1,20 \times 10^{-2} \text{ mol/L})^2 = 0,01831$$

ou

$$[H_2] = [I_2] = (0,01831 \times 1,44 \times 10^{-4} \text{ mol}^2/\text{L}^2)^{½} = 1,624 \times 10^{-3} \text{ mol/L}$$

### Exercício 3
Calcule as concentrações de equilíbrio de HI, $H_2$ e $I_2$ se 2 mols de iodeto de hidrogênio são colocados em um recipiente fechado de 1 litro a 425,5°C.

### Solução
Avalie as concentrações de equilíbrio dos três componentes.

Se $x$ = número de mols de HI dissociado, então, no equilíbrio, teremos [HI] = $2 - x$. Por estequiometria, 2 mols de HI produzem 1 mol de $H_2$ e $I_2$, assim, as concentrações serão $[H_2] = [I_2] = x/2$.

Substituindo na expressão da constante de equilíbrio resulta em

$$K = [H_2][I_2]/[HI]^2 = (x/2)(x/2)/(2-x)^2 = 0,01831$$

ou

$$(x)^2/4(2-x)^2 = 0,01831$$

Tomando a raiz quadrada de ambos os lados da equação, fica

$$x/2(2-x) = 0,1353,$$

a partir do qual

$$x = 0,426 \text{ mol/L}$$

### Resposta
Portanto, no equilíbrio teremos

$$[H_2] = [I_2] = 0,213 \text{ mol/L}$$
$$[HI] = 1,574 \text{ mol/L}$$

### Exercício 4
A solubilidade do cromato de chumbo em meio aquoso e à temperatura ambiente é $4,34 \times 10^{-6}$ g por 100 mL. Calcule (a) a solubilidade em mol/L e (b) a constante do produto de solubilidade, sabendo que a massa molar do cromato de chumbo é igual a 323,19 g/mol.

## Solução

(a) Para calcular a solubilidade em mol/L, deve-se primeiro calcular a solubilidade em gramas por litro e, após, convertê-la em mols por litro.

$$4{,}34 \times 10^{-6} \text{ g} \longrightarrow 100 \text{ mL}$$
$$x \longrightarrow 1000 \text{ mL}$$

$$x = 4{,}34 \times 10^{-5} \text{ g/L}$$

$$S_{molar} = 4{,}34 \times 10^{-5} \text{ g/L} / 323{,}19 \text{ g/mol}$$
$$= 1{,}34 \times 10^{-7} \text{ mol/L}$$

(b) Para esse sistema, a condição de equilíbrio do sal pouco solúvel é

$$PbCrO_{4(s)} \rightleftharpoons Pb^{2+}_{(aq)} + CrO_4^{2-}_{(aq)}$$

E a constante do produto de solubilidade pode ser expressa como

$$K_{PS} = [Pb^{2+}][CrO_4^{2-}] = s \times s = s^2$$

que, aplicando, fica

$$K_{PS} = s^2 = (1{,}34 \times 10^{-7})^2 = 1{,}80 \times 10^{-14}$$

## Resposta

(a) $S_{molar} = 1{,}34 \times 10^{-7}$ mol/L;   (b) $K_{PS} = 1{,}80 \times 10^{-14}$

## Exercício 5

A constante do produto de solubilidade do fosfato de cálcio $Ca_3(PO_4)_2$ é $1{,}3 \times 10^{-32}$. Determine a solubilidade em gramas por litro do composto.

Dados: $\overline{M}_{Ca_3(PO_4)_2} = 310{,}19$ g/mol

## Solução

Para esse sistema, a condição de equilíbrio do sal pouco solúvel é

$$Ca_3(PO_4)_{2\,(s)} \rightleftharpoons 3\,Ca^{2+}_{(aq)} + 2\,PO_4^{3-}_{(aq)}$$

e a constante do produto de solubilidade pode ser expressa como

$$K_{PS} = [Ca^{2+}]^3[PO_4^{3-}]^2 = 1{,}3 \times 10^{-32}$$

Se s representa a solubilidade em mol/L do sal pouco solúvel $Ca_3(PO_4)_2$, resulta que, no equilíbrio, teremos

$$[Ca^{2+}] = 3s$$
$$[PO_4^{3-}] = 2s$$

que, aplicando na expressão do $K_{PS}$, fica

$$1{,}3 \times 10^{-32} = (3s)^3(2s)^2$$

cuja solubilidade molar é

$$s = 1{,}6 \times 10^{-7} \text{ mol/L}$$

Para calcular a solubilidade em gramas por litro, devemos considerar que cada mol de fosfato de cálcio corresponde a 310,19 g/mol, resultando em

$$1 \text{ mol} \longrightarrow 310{,}19 \text{ g/mol}$$
$$1{,}6 \times 10^{-7} \text{ mol/L} \longrightarrow x$$
$$x = 0{,}000050 \text{ g/L}$$

**Resposta**  $x = s = 0{,}000050$ g/L

### Exercício 6

Calcule o pH de um ácido monoprótico forte cuja concentração é igual a $1{,}0 \times 10^{-8}$ mol/L.

Dados: $K_w = 1{,}0 \times 10^{-14}$

### Solução

Considerando o ácido monoprótico forte genérico que, para efeitos práticos, se ioniza completamente em meio aquoso, os equilíbrios envolvidos são

$$HA + H_2O \rightarrow H_3O^+ + A^-$$
$$2H_2O \rightleftharpoons H_3O^+ + OH^-$$
$$K_w = [H_3O^+][OH^-]$$

As contribuições do íon hidrônio e dos íons hidroxila provenientes da água são necessariamente iguais e podem ser expressas por

$$(1) \quad [H_3O^+]_{H_2O} = [OH^-]_{H_2O} = x$$

Considerando que a concentração de íons hidrônio proveniente da água não é negligenciável temos que

$$(2) \quad [H_3O^+]_{total} = C_{HA} + [H_3O^+]_{H_2O}$$

onde $C_{HA}$ é a concentração analítica do ácido monoprótico forte.

Substituindo as relações (1) e (2) na expressão do produto iônico da água temos que

$$(C_{HA} + x)(x) = 1{,}0 \times 10^{-14}$$
$$(1{,}0 \times 10^{-8} + x)(x) = 1{,}0 \times 10^{-14}$$
$$x^2 + 1{,}0 \times 10^{-8} x - 1{,}0 \times 10^{-14} = 0$$

**Observação 1** Uma equação de 2º grau do tipo $ax^2 + bx + c = 0$ é frequentemente encontrada em cálculos de concentrações de equilíbrio de espécies ionizadas envolvendo expressões da constante de equilíbrio e pode ser resolvida como

$$x = -b \pm (b^2 - 4ac)^{1/2} / 2a$$

então, temos que

$$x = -1{,}0 \times 10^{-8} \pm (1{,}0 \times 10^{-16} + 4 \times 1 \times 1{,}0 \times 10^{-14})^{1/2} / 2$$
$$= 9{,}5 \times 10^{-8}$$

Portanto, a concentração total de íons hidrônio será

$$[H_3O^+]_{total} = C_{HA} + [H_3O^+]_{H_2O} = 1{,}0 \times 10^{-8} + 9{,}5 \times 10^{-8} = 1{,}05 \times 10^{-7} \text{ mol/L}$$

$$pH = -\log [H_3O^+]_{total} = -\log 1{,}05 \times 10^{-7} = 6{,}979$$

$$pOH = -\log [OH^-] = -\log 9{,}5 \times 10^{-8} = 7{,}022$$

**Resposta**  pOH = 7,022

**Observação 2**  A contribuição da autoionização da água deve ser levada em consideração para efeitos de cálculo de pH quando a concentração analítica do ácido monoprótico forte se encontrar no intervalo de $2 \times 10^{-9}$ a $10^{-7}$ mol/L. Acima de $10^{-7}$ mol/L prevalece somente a contribuição do ácido monoprótico forte; abaixo de $2{,}0 \times 10^{-9}$ mol/L pode ser tomada somente a contribuição de íons hidrônio provenientes da autoionização da água, portanto, uma solução neutra de pH = 7.

### Exercício 7

Calcule o pH de uma solução de ácido acético $1{,}0 \times 10^{-5}$ mol/L.

Dados: $K_a = 1{,}75 \times 10^{-5}$

### Solução

A condição de equilíbrio iônico para um ácido fraco como o ácido acético é

$$CH_3COOH_{(aq)} + H_2O \rightleftharpoons H_3O^+_{(aq)} + CH_3COO^-_{(aq)}$$

onde

$$K_a = [H_3O^+][CH_3COO^-] / [CH_3COOH],$$

sendo que
[$CH_3COOH$] igual a concentração molar do ácido representada por $C_a$
[$H_3O^+$] = [$CH_3COO^-$], igual a concentrações molares das espécies de ácido acético ionizadas e representadas por $x$

Na condição de equilíbrio, a concentração final de cada espécie é expressa por

$$CH_3COOH + H_2O \rightleftharpoons H_3O^+ + CH_3COO^-$$
$$C_a - x \qquad\qquad x \qquad x$$

que, por substituição na expressão de $K_a$, fica

$$K_a = x \times x / (C_a - x),$$

cuja solução é uma equação de 2º grau.
Critério arbitrário: sempre que $K_a$ for menor que $0{,}01 C_a$ – por exemplo, $K$ menor que $10^{-4}$ para $C_a = 0{,}01$, ou menor que $10^{-3}$ para $C_a = 0{,}1 - x$ pode ser negligenciado, e a expressão pode ser simplificada, pois em torno de 10 a 15% do ácido está ionizado. Caso contrário, deve-se resolver a equação de 2º grau.

Temos que $K_a = 1{,}75 \times 10^{-5} > 0{,}01 \times 1{,}0 \times 10^{-5}$ ou $1{,}75 \times 10^{-5} > 1{,}0 \times 10^{-7}$, então $x$ não pode ser negligenciado, ficando

$$K_a = x \times x / (C_a - x)$$

ou

$$K_a = [H_3O^+]^2 / (C_a - [H_3O^+]),$$

que conduz a

$$[H_3O^+]^2 + K_a[H_3O^+] - K_a C_a = 0$$

Temos, então

$$1,75 \times 10^{-5} = x^2 / (1,0 \times 10^{-5} - x),$$

que, resolvendo para $x$, fica

$$x = 7,15 \times 10^{-6}$$
$$pH = -\log 7,15 \times 10^{-6}$$
$$= 5,14$$

**Observação**  As mesmas considerações são válidas para bases fracas.

### Exercício 8
Calcule o pH de uma solução 0,10 mol/L em $H_2S$, assim como as concentrações de todas as espécies sulfídricas presentes no equilíbrio e seus respectivos alfa-valores (em termos percentuais).

Dados: $H_2S$ $K_1 = 5,7 \times 10^{-8}$
$K_2 = 1,2 \times 10^{-15}$

### Solução
Considerando que as constantes de ionização apresentam diferença superior a $10^4$ ($K_1 / K_2$) e a primeira etapa de ionização suprime a segunda etapa de ionização, o pH da solução pode ser calculado da mesma forma como o de qualquer ácido poliprótico. Contudo, é aconselhável utilizar o critério arbitrário $C_a \geq 100 K_a$ para negligenciar ou não a contribuição de íons hidrônio provenientes da ionização da primeira etapa do ácido poliprótico considerado.

Pelos critérios:

(1)  $K_1 / K_2 = 5,7 \times 10^{-8} / 1,2 \times 10^{-15} = 4,75 \times 10^6 > 10^4$

(2)  $0,10 \geq 100 \times 5,7 \times 10^{-8} = 0,10 \geq 5,7 \times 10^{-6}$

Temos que

$$H_2S + H_2O \rightleftharpoons H_3O^+ + HS^-$$
$$0,10 - x \qquad x \qquad x$$

Aplicando na expressão de $K_a$ fica

$$K_a = x \times x / (0,10 - x)$$
$$5,7 \times 10^{-8} = x \times x / (0,10 - x)$$

Como $x$ pode ser negligenciado, fica

$$x^2 = 5{,}7 \times 10^{-8} \times 10^{-1} = 5{,}7 \times 10^{-9}$$

$$x = [H_3O^+] = 7{,}55 \times 10^{-5} \text{ mol/L} \qquad pH = 4{,}12,$$

resulta que

$$[H_2S] = 0{,}10 - 7{,}55 \times 10^{-5} = 0{,}0999 \approx 0{,}1 \text{ mol/L}$$

$$[H_3O^+] = [HS^-] = 7{,}55 \times 10^{-5} \text{ mol/L}$$

$$[S^{2-}] = K_2 = 1{,}2 \times 10^{-15} \text{ mol/L}$$

Considerando que

$$\alpha_0 = [H_2S] / C_a; \quad \alpha_1 = [HS^-] / C_a; \quad \alpha_2 = [S^{2-}] / C_a$$

$$C_a = [H_2S] + [HS^-] + [S^{2-}] \quad e \quad \alpha_0 + \alpha_1 + \alpha_2 = 1$$

então, por substituição, obtém-se

$$\alpha_0 = [H_3O^+]^2 / ([H_3O^+]^2 + K_1[H_3O^+] + K_1 K_2)$$

$$\alpha_1 = K_1[H_3O^+] / ([H_3O^+]^2 + K_1[H_3O^+] + K_1 K_2)$$

$$\alpha_2 = K_1 K_2 / ([H_3O^+]^2 + K_1[H_3O^+] + K_1 K_2)$$

Calculando

$$\alpha_0 = (7{,}55 \times 10^{-5})^2 / (7{,}55 \times 10^{-5})^2 + (5{,}7 \times 10^{-8} \times 7{,}55 \times 10^{-5}) + (5{,}7 \times 10^{-8} \times 1{,}2 \times 10^{-15})$$

$$= 5{,}70025 \times 10^{-9} / 5{,}7045535 \times 10^{-9} \approx 0{,}999 \times 100\%$$

$$= 99{,}9\%$$

O resultado indica que 99,9% das espécies em equilíbrio encontram-se na forma de $H_2S$.

$$\alpha_1 = (5{,}7 \times 10^{-8} \times 7{,}55 \times 10^{-5}) / (7{,}55 \times 10^{-5})^2 + (5{,}7 \times 10^{-8} \times 7{,}55 \times 10^{-5}) + (5{,}7 \times 10^{-8} \times 1{,}2 \times 10^{-15})$$

$$= 4{,}3035 \times 10^{-12} / 5{,}7045535 \times 10^{-9} \approx 7{,}5439 \times 10^{-4} \times 100\%$$

$$= 7{,}54 \times 10^{-2} \%$$

O resultado indica que 0,075% das espécies em equilíbrio encontram-se na forma de $HS^-$.

$$\alpha_2 = (5{,}7 \times 10^{-8} \times 1{,}2 \times 10^{-15}) / (7{,}55 \times 10^{-5})^2 + (5{,}7 \times 10^{-8} \times 7{,}55 \times 10^{-5}) + (5{,}7 \times 10^{-8} \times 1{,}2 \times 10^{-15})$$

$$= 6{,}84 \times 10^{-23} / 5{,}7045535 \times 10^{-9} \approx 1{,}199 \times 10^{-14} \times 100\%$$

$$= 1{,}199 \times 10^{-12} \%$$

O resultado indica que ao redor $1{,}2 \times 10^{-12}$ % das espécies em equilíbrio encontram-se na forma de $S^{2-}$.

**Respostas**  pH = 4,12; $\alpha_0$ = 99,9%; $\alpha_1$ = 7,54 × $10^{-2}$%; $\alpha_2$ = 1,199 × $10^{-12}$ %

### Exercício 9
Calcule o pH de uma solução tampão que é 0,10 mol/L em ácido acético e 0,10 mol/L em acetato de sódio antes e depois da adição de 0,0050 mol/L de NaOH e da adição de 0,0050 mol/L de HCl.

Dados: $CH_3COOH$ $K_a$ = 1,78 × $10^{-5}$

### Solução
**Antes da adição da base forte NaOH:**
O pH do sistema tampão deve ser calculado conforme o equilíbrio iônico expresso por

$$CH_3COOH_{(aq)} + H_2O \rightleftharpoons H_3O^+ + CH_3COO^-_{(aq)}$$

cuja constante de equilíbrio é dada por

$$K_a = [H_3O^+][CH_3COO^-] / [CH_3COOH]$$

Considerando que

$$[CH_3COO^-] = C_{molar} \text{ do sal}$$

e

$$[CH_3COOH] = C_{molar} \text{ do ácido}$$

Substituindo-se a informação na expressão do $K_a$, resulta em

$$K_a = [H_3O^+] C_{sal} / C_{ácido}$$

ou

$$[H_3O^+] = K_a C_{ácido} / C_{sal}$$

Resolvendo a equação, resulta

$$[H_3O^+] = K_a C_{ácido} / C_{sal} = 1{,}78 \times 10^{-5} \times 0{,}10 / 0{,}10 = 1{,}78 \times 10^{-5}$$

$$pH = -\log 1{,}78 \times 10^{-5} = 4{,}76$$

**Após adição de 0,0050 mol/L de NaOH:**
Os íons $OH^-$ reagem estequiometricamente com íons $H_3O^+$ do ácido acético, e o equilíbrio iônico desloca-se no sentido de formação dos produtos. Nessa reação, ocorre a neutralização de 0,005 mol/L de ácido acético, a formação de 0,005 mol/L de íons acetato e o consumo total de 0,005 mol/L de íons hidroxila adicionados ao sistema tampão.
Temos que

$$[CH_3COOH] = C_{ácido} = 0{,}10 - 0{,}005 = 0{,}095 \text{ mol/L}$$

$$[CH_3COO^-] = C_{sal} = 0{,}10 + 0{,}005 = 0{,}105 \text{ mol/L}$$

Resolvendo a equação, resulta

$$[H_3O^+] = K_a C_{ácido} / C_{sal} = 1{,}78 \times 10^{-5} \times 0{,}095 / 0{,}105 = 1{,}61 \times 10^{-5}$$

$$pH = -\log 1{,}61 \times 10^{-5} = 4{,}79$$

O resultado indica que ocorreu uma variação negligenciável na concentração de íons hidrônio.

**Após adição de 0,0050 mol/L de HCl:**

Os íons $H_3O^+$ reagem estequiometricamente com íons $CH_3COO^-$, e o equilíbrio iônico desloca-se no sentido de formação dos reagentes. Nessa reação, ocorre a neutralização de 0,005 mol/L de íons acetato, a formação de 0,005 mol/L de ácido acético e o consumo total de 0,005 mol/L de íons hidrônio adicionados ao sistema tampão.

Temos que

$$[CH_3COOH] = C_{\text{ácido}} = 0,10 + 0,005 = 0,105 \text{ mol/L}$$

$$[CH_3COO^-] = C_{\text{sal}} = 0,10 - 0,005 = 0,095 \text{ mol/L}$$

Resolvendo a equação, resulta

$$[H_3O^+] = K_a\, C_{\text{ácido}} / C_{\text{sal}} = 1,78 \times 10^{-5} \times 0,105 / 0,095 = 1,97 \times 10^{-5}$$

$$pH = -\log 1,61 \times 10^{-5} = 4,71$$

Observa-se novamente que ocorre uma variação negligenciável na concentração de íons hidrônio.

**Respostas** pH = 4,76 (antes da adição de NaOH); pH = 4,79 (após da adição de NaOH); pH = 4,71 (após a adição de HCl)

## Exercício 10

Calcule a variação de pH decorrente da adição de 10,0 mL de HCl 1,0 mol/L em (a) 100 mL de água pura e (b) 100 mL de solução tampão 1,0 mol/L $NaH_2PO_4$ e $Na_2HPO_4$.

## Solução

(a) Deve-se calcular a nova concentração do ácido forte totalmente ionizado considerando a diluição em água pura.

$$HCl_{(aq)} + H_2O \rightarrow H_3O^+_{(aq)} + Cl^-_{(aq)}$$

Dessa maneira, a concentração molar de íons $H_3O^+$ será calculada considerando o número de mols de íons hidrônio dividido pelo volume total da solução (110 mL), negligenciando-se a contribuição de hidrônio da autoionização da água.

$$[H_3O^+] = 1,0 \text{ mol/L} \times 10,0 \text{ mL} / 110 \text{ mL} = 0,0909 \text{ mol/L}$$

$$pH = -\log 0,0909 = 1,04$$

Portanto,

pH da água pura antes da adição de HCl: 7,00
pH da água pura depois da adição de HCl: 1,04
variação de pH ($\Delta pH$) do sistema: 5,96 unidades de pH

(b) **Antes da adição de 10 mL de HCl 1,0 mol/L:**

Calcula-se inicialmente a contribuição em número de mols de cada espécie participante do sistema e aplica-se a expressão da constante de equilíbrio.

Assim,

$$n_{HCl} = n_{H_3O^+} = n_{Cl^-} = 1,0 \text{ mol/L} \times 10 \text{ mL} = 10 \text{ mmols ou } 0,010 \text{ mols}$$

$$C_{\text{ácido}} = n_{NaH_2PO_4} = 1,0 \text{ mol/L} \times 100 \text{ mL} = 100 \text{ mmols ou } 0,100 \text{ mols}$$

$$C_{\text{sal}} = n_{NaHPO_4} = 1,0 \text{ mol/L} \times 100 \text{ mL} = 100 \text{ mmols ou } 0,100 \text{ mols}$$

Resolvendo a equação, resulta

$$[H_3O^+] = K_a \, C_{\text{ácido}} / C_{\text{sal}} = 6,2 \times 10^{-8} \times 0,10 / 0,10 = 6,2 \times 10^{-8}$$

$$pH = -\log 6,2 \times 10^{-8} = 7,21$$

**Após adição de 10 mL de HCl 1,0 mol/L NaH$_2$PO$_4$ e Na$_2$HPO$_4$:**

Os íons $H_3O^+$ reagem estequiometricamente com íons $HPO_4^{2-}$, e o equilíbrio iônico desloca-se no sentido de formação dos reagentes, íons $H_2PO_4^-$. Nessa reação, ocorre a neutralização de 0,010 mols de íons $HPO_4^{2-}$, a formação de 0,010 mols de íons $H_2PO_4^-$ e o consumo total de 0,010 mols de íons hidrônio adicionados ao sistema tampão.

Temos que

$$[H_2PO_4^-] = C_{\text{ácido}} = 0,10 + 0,010 = 0,110 \text{ mols}$$

$$[HPO_4^{2-}] = C_{\text{sal}} = 0,10 - 0,010 = 0,090 \text{ mol/L}$$

resolvendo a equação, resulta

$$[H_3O^+] = K_a \, C_{\text{ácido}} / C_{\text{sal}} = 6,2 \times 10^{-8} \times 0,110 / 0,090 = 7,58 \times 10^{-8}$$

$$pH = -\log 7,58 \times 10^{-8} = 7,12$$

Observa-se que ocorreu uma variação negligenciável na concentração de íons hidrônio, da ordem de 0,09 unidades de pH (7,21 − 7,12).

**Respostas** (a) Variação de pH ($\Delta$pH) do sistema: 5,96 unidades de pH; (b) variação de pH ($\Delta$pH) do sistema: 0,09 unidades de pH

### Exercício 11

Calcule (a) a concentração em mol/L de íons cobre ($Cu^{2+}$) em uma solução que é 0,010 mol/L em $Cu(NH_3)_4^{2+}$ e (b) a concentração de íons $Cu^{2+}$ em uma solução que é 0,010 mol/L em $Cu(NH_3)_4^{2+}$ e 0,0010 mol/L em amônia ($NH_3$).

Dados: $K_{\text{inst}} = 4,6 \times 10^{-14}$

### Solução

(a) Para esse sistema, a condição de equilíbrio de dissociação do íon complexo é

$$Cu(NH_3)_4^{2+}{}_{(aq)} \rightleftharpoons Cu^{2+}{}_{(aq)} + 4\,NH_{3(aq)}$$

E a constante de equilíbrio pode ser expressa por

$$K_{\text{inst}} = [Cu^{2+}][NH_3]^4 / [Cu(NH_3)_4^{2+}] = 4,6 \times 10^{-14}$$

A partir da equação de equilíbrio, pode ser observado que, para cada mol de íon complexo $Cu(NH_3)_4^{2+}$ dissociado, são produzidos um mol de íons $Cu^{2+}$ e quatro mols de amônia. Expressando como $x$ o número de mols de complexo que se dissocia, teremos no equilíbrio

$$[Cu(NH_3)_4^{2+}] = 0{,}010 - x$$

$$[Cu^{2+}] = x$$

$$[NH_3] = 4 \times x$$

Considerando que o valor da constante de instabilidade é muito baixo e que o íon complexo está predominantemente na forma $Cu(NH_3)_4^{2+}$, $x$ pode ser negligenciado e a expressão da constante de equilíbrio pode ser expressa por

$$4{,}6 \times 10^{-14} = x\,(4x)^4 / (0{,}010 - x) = 256\,x^5/0{,}010$$

que pode ser escrita como

$$4{,}6 \times 10^{-16} = 256 x^5$$

onde

$$x^5 = 4{,}6 \times 10^{-16} / 256$$

$$x = [Cu^{2+}] = 3{,}3 \times 10^{-6}\ mol/L$$

(b) Considerando que as concentrações de equilíbrio são

$$[Cu(NH_3)_4^{2+}] = 0{,}010 - x$$

$$[NH_3] = 4\,(0{,}0010 - x)$$

Novamente, $x$ pode ser negligenciado e a expressão da constante de equilíbrio pode ser expressa por

$$4{,}6 \times 10^{-14} = x\,(4 \times 0{,}0010)^4 / (0{,}010) = x\,(4 \times 10^{-3})^4/0{,}010$$

que, por rearranjo, fica

$$4{,}6 \times 10^{-16} = x \times 256 \times 10^{-12}$$

$$x = 4{,}6 \times 10^{-16} / 256 \times 10^{-12} = 1{,}80 \times 10^{-6}$$

$$x = [Cu^{2+}] = 1{,}8 \times 10^{-6}\ mol/L$$

**Respostas** (a) $[Cu^{2+}] = 3{,}3 \times 10^{-6}$ mol/L; (b) $[Cu^{2+}] = 1{,}8 \times 10^{-6}$ mol/L

A diferença nas concentrações de íons cobre demonstra que a adição de amônia não altera significativamente a concentração de equilíbrio do cobre e que o íon complexo é muito estável.

## Exercício 12

Determine a constante de instabilidade para uma solução contendo 0,10 mol/L em $Ag(CN)_2^-$ e cuja concentração de equilíbrio de íons prata é $6{,}6 \times 10^{-8}$ mol/L.

## Solução

Para esse sistema, a condição de equilíbrio de dissociação do íon complexo é

$$Ag(CN)_2^-{}_{(aq)} \rightleftharpoons Ag^+{}_{(aq)} + 2\,CN^-{}_{(aq)}$$

e a constante de equilíbrio pode ser expressa como

$$K_{inst} = [Ag^+][CN^-]^2 / [Ag(CN)_2^-]$$

A partir da equação de equilíbrio, pode ser observado que para cada mol de íon complexo $Ag(CN)_2^-$ dissociado são produzidos um mol de íons $Ag^+$ e dois mols de íons cianeto. Expressando como $x$ o número de mols do complexo que se dissocia, no equilíbrio temos

$$[Ag^+] = x = 1{,}65 \times 10^{-7}\ mol/L$$

$$[CN^-] = 2x$$

ou

$$[CN^-] = 2[Ag^+] = 2 \times 1{,}65 \times 10^{-7} = 3{,}30 \times 10^{-7}\ mol/L$$

$$[Ag(CN)_2^-] = 0{,}010 - x$$

ou

$$[Ag(CN)_2^-] = 0{,}010 - [Ag^+]$$

Como a concentração de íons prata é bem menor do que a concentração do íon complexo, pode ser negligenciada e assumimos que

$$[Ag(CN)_2^-] = 0{,}010\ mol/L$$

Substituindo na expressão da constante de instabilidade fica

$$K_{inst} = [Ag^+][CN^-]^2 / [Ag(CN)_2^-]$$
$$= 1{,}32 \times 10^{-7}\,(3{,}30 \times 10^{-7})^2 / 0{,}10$$
$$= 1{,}32 \times 10^{-7}\,(10{,}9 \times 10^{-14}) / 0{,}10$$
$$= 1{,}4 \times 10^{-19}$$

**Resposta** $K_{inst} = 1{,}4 \times 10^{-19}$

## Exercício 13

Calcule a força eletromotriz e a constante de equilíbrio para o seguinte equilíbrio iônico heterogêneo:

$$AgCl_{(s)} \rightleftharpoons Ag^+{}_{(aq)} + Cl^-{}_{(aq)}$$

### Solução

Embora a reação não seja uma reação redox, podemos decompor a reação global em duas semirreações que podem ser encontradas em tabelas de potenciais padrão de redução.

(1) $AgCl_{(s)} + e^- \rightleftharpoons Ag^0 + Cl^-{}_{(aq)}$    $\varepsilon^0 = +0{,}222\ V$

(2) $Ag^+{}_{(aq)} + e^- \rightleftharpoons Ag^0$    $\varepsilon^0 = +0{,}799\ V$

Após, somam-se as duas semirreações de modo a reproduzir a reação global. Assim, a semirreação (1) permanece igual e a semirreação (2) é invertida, cancelando-se os termos coincidentes e obtendo-se como resultado a reação desejada.

**Observação** É importante salientar que a designação de reações (1) e (2) é totalmente arbitrária, não interferindo no resultado final, desde que seja respeitado o sentido da reação global.

(1) $AgCl_{(s)} + \cancel{e^-} \rightleftharpoons \cancel{Ag^0} + Cl^-_{(aq)}$   $\varepsilon^0 = +0{,}222$ V (permanece igual)

(2) $\cancel{Ag^0} \rightleftharpoons Ag^+_{(aq)} + \cancel{e^-}$   $\varepsilon^0 = +0{,}799$ V (é invertida)

$AgCl_{(s)} \rightleftharpoons Ag^+_{(aq)} + Cl^-_{(aq)}$   $\varepsilon^0 = ?$

Os potenciais padrão das duas semirreações são, então, subtraídos no mesmo sentido da reação global sem mudança de sinal ($\varepsilon^0_{\text{reação igual}} - \varepsilon^0_{\text{reação invertida}}$), resultando em

$$\varepsilon^0 = (+0{,}222 \text{ V}) - (+0{,}799 \text{ V}) = -0{,}577 \text{ V}$$

Calculando a constante de equilíbrio da reação temos

$$\log K = 10^{n\varepsilon^0/0{,}05916} = 10^{1 \times -0{,}577/0{,}05916} = 10^{-9{,}75} = 1{,}77 \times 10^{-10}$$

**Resposta**   $K = 1{,}77 \times 10^{-10}$

**Dica**   Essa constante de equilíbrio é a constante do produto de solubilidade do cloreto de prata.

## Exercício 14

Calcule a força eletromotriz e a constante de equilíbrio para a seguinte reação de formação de complexo:

$$Ag^+_{(aq)} + 2\,NH_{3(aq)} \rightleftharpoons Ag(NH_3)_2^+{}_{(aq)}$$

### Solução

Embora a reação não seja uma reação redox, podemos decompor a reação global em duas semirreações que podem ser encontradas em tabelas de potenciais padrão de redução.

(1) $Ag(NH_3)_2^+{}_{(aq)} + e^- \rightleftharpoons Ag^0 + 2\,NH_{3(aq)}$   $\varepsilon^0 = +0{,}373$ V

(2) $Ag^+_{(aq)} + e^- \rightleftharpoons Ag^0$   $\varepsilon^0 = +0{,}799$ V

Somam-se as duas semirreações, levando em consideração o sentido da reação global. Assim, a semirreação (1) fica invertida e a semirreação (2) permanece igual, cancelando-se os termos coincidentes e obtendo-se como resultado a reação desejada.

(1) $\cancel{Ag^0} + 2\,NH_{3(aq)} \rightleftharpoons Ag(NH_3)_2^+{}_{(aq)} + \cancel{e^-}$   $\varepsilon^0 = +0{,}373$ V (é invertida)

(2) $Ag^+_{(aq)} + \cancel{e^-} \rightleftharpoons \cancel{Ag^0}$   $\varepsilon^0 = +0{,}799$ V (permanece igual)

$Ag^+_{(aq)} + 2\,NH_{3(aq)} \rightleftharpoons Ag(NH_3)_2^+{}_{(aq)}$   $\varepsilon^0 = ?$

Os potenciais padrão das duas semirreações são, então, subtraídos no mesmo sentido da reação global sem mudança de sinal ($\varepsilon^0_{\text{reação igual}} - \varepsilon^0_{\text{reação invertida}}$), resultando em

$$\varepsilon^0 = (+0{,}799\ V) - (+0{,}373\ V) = +0{,}426\ V$$

Calculando a constante de equilíbrio da reação temos

$$\log K = 10^{n\varepsilon^0/0{,}05916} = 10^{1 \times 0{,}426/0{,}05916} = 10^{7{,}20}$$

$$K = 1{,}58 \times 10^7$$

**Respostas**  $\varepsilon^0 = +0{,}426\ V;\ K = 1{,}58 \times 10^7$

**Dica**  Essa constante de equilíbrio é a constante de estabilidade do íon complexo diaminprata e indica que a ocorrência da reação é muito provável no sentido da formação do complexo.

## Exercício 15

Calcule a concentração mínima de hidrônio capaz de impedir a precipitação de sulfeto de cádmio de uma solução 0,010 mol/L em íons $Cd^{2+}$ quando a ela se adiciona tioacetamida a quente até a saturação em $H_2S$.

Dados: CdS $K_{PS} = 8{,}0 \times 10^{-27}$

$[Cd^{2+}] = 0{,}0100$ mol/L

### Solução

Devemos levar em consideração a condição de não precipitação de um composto pouco solúvel tal como o CdS:

A condição em que não ocorre precipitação é quando o produto iônico ($Q_{PS}$) do CdS for menor ou igual ao seu $K_{PS}$. Temos que a condição limite em que ainda não ocorre precipitação será quando ($Q_{PS}$) = $K_{PS}$ onde $Q_{PS}$ = $[Cd^{2+}][S^{2-}]$.

Substituindo os dados do problema na expressão do $K_{PS}$ para o CdS teremos

$$(0{,}0100)\ [S^{2-}] = 8{,}0 \times 10^{-27}$$

onde

$$[S^{2-}] = 8{,}0 \times 10^{-27} / 0{,}0100 = 8{,}0 \times 10^{-25}\ \text{mol/L}$$

é a concentração máxima de íons sulfeto de equilíbrio.

Substituindo na expressão simplificada para cálculo da concentração do íon hidrônio teremos

$$[H^+]^2_{\text{mín}} \times 8{,}0 \times 10^{-25} = 6{,}8 \times 10^{-35}$$

onde

$$[H^+]_{\text{mín}} = 2{,}9\ \text{mol/L}$$

**Resposta**  $[H^+]_{\text{mín}} = 2{,}9$ mol/L

**Dica**  É possível evitar a precipitação do CdS.

## Exercício 16

Calcule a concentração mínima de amônio capaz de evitar a precipitação do $Mg(OH)_2$ de uma solução que contém íons magnésio em concentração 0,0010 mol/L e amônia 0,100 mol/L?

Dados: $Mg(OH)_2$ $K_{PS} = 1,1 \times 10^{-11}$
$NH_3$ $K_b = 1,8 \times 10^{-5}$
$[Mg^{2+}] = 0,0100$ mol/L
$[NH_3] = 0,100$ mol/L

### Solução

Devemos levar em consideração a condição de não precipitação de um composto pouco solúvel, tal como o $Mg(OH)_2$:

A condição em que não ocorre precipitação é quando o produto iônico ($Q_{PS}$) do CdS for menor ou igual ao seu $K_{PS}$. Temos que a condição limite em que ainda não ocorre precipitação será quando o $(Q_{PS}) = K_{PS}$ onde $Q_{PS} = [Mg^{2+}][OH^-]^2$.

Substituindo os dados do problema na expressão do $K_{PS}$ para o $Mg(OH)_2$ teremos

$$(0,0100)[OH^-]^2 = 1,1 \times 10^{-11}$$

onde

$$[OH^-]^2 = 1,1 \times 10^{-11} / 0,0100$$

$$[OH^-]_{máx} = 3,3 \times 10^{-5} \text{ mol/L}$$

é a concentração máxima de íons hidróxido de equilíbrio. Essa concentração de íons hidróxido determina um pOH = 4,48 e pH 9,52.

Substituindo a concentração de íons hidróxido na expressão do equilíbrio iônico do tampão amônio/amônia podemos calcular a concentração do íon amônio.

$$NH_{3(aq)} + H_2O \rightleftharpoons NH_4^+{}_{(aq)} + OH^-{}_{(aq)} \qquad K_b = [NH_4^+][OH^-]/[NH_3]$$

$[NH_4^+] = K_b [NH_3] / [OH^-] = 1,8 \times 10^{-5} (0,100) / (3,3 \times 10^{-5}) = 0,054$ mol/L

**Resposta** $[NH_4^+]_{mín} = 0,054$ mol/L

## Exercício 17

Calcule a constante de dissolução do carbonato de cálcio em ácido clorídrico segundo a equação:

$$CaCO_{3(s)} + 2 H^+{}_{(aq)} \rightleftharpoons Ca^{2+}{}_{(aq)} + H_2O + CO_{2(g)}$$

Dados: $CaCO_3$ $K_{PS} = 4,7 \times 10^{-9}$

$H_2CO_3$ $K_{a1} = 4,2 \times 10^{-7}$

$K_{a2} = 5,6 \times 10^{-11}$

### Solução

Combinando as reações de equilíbrio do sal pouco solúvel $CaCO_3$ e as condições de formação do ácido fraco, $H_2CO_3$, temos:

$$CaCO_{3(s)} \rightleftharpoons Ca^{2+}_{(aq)} + CO_3^{2-}_{(aq)} \quad K_{PS} = 4,7 \times 10^{-9}$$

$$CO_3^{2-}_{(aq)} + 2H^+_{(aq)} \rightleftharpoons H_2O + CO_{2(aq)} \quad 1/K_{a1} \times K_{a2} = 1/4,2 \times 10^{-7} \times 5,6 \times 10^{-11}$$

Somando membro a membro as equações de equilíbrio e multiplicando as constantes de equilíbrio temos:

$$CaCO_{3(s)} + 2H^+_{(aq)} \rightleftharpoons Ca^{2+}_{(aq)} + H_2O + CO_{2(g)} \quad K = K_{PS}/K_{a1} \times K_{a2} = 2,0 \times 10^8$$

**Resposta** $K = 2,0 \times 10^8$

**Dica** É possível dissolver o $CaCO_3$ com ácido clorídrico.

### Exercício 18

Qual é a concentração de amônia necessária para dissolver 0,001 mol/L de AgBr em 1 litro de solução?

Dados: $Ag(NH_3)_2^+$ $K_{est} = 2,5 \times 10^7$
AgBr $K_{PS} = 5,0 \times 10^{-13}$

### Solução

Considerando a dissolução completa do precipitado teremos em solução uma concentração máxima íons brometo de 0,0010 mol/L segundo a reação:

$$AgBr_{(s)} + 2NH_{3(aq)} \rightleftharpoons Ag(NH_3)_2^+_{(aq)} + Br^-_{(aq)}$$

Portanto, são necessários 0,0020 mol/L de amônia (quantidade estequiométrica) para dissolução completa do precipitado. Aplicando a expressão da constante reacional temos que

$$K_{PS} \times K_{est} = [Br^-]^2 / [NH_3]^2$$

ou substituindo

$$5,0 \times 10^{-13} / 2,5 \times 10^7 = (0,0010)^2 / [NH_3]^2$$

$$[NH_3]_{equil} = 0,344 \text{ mol/L}$$

$$[NH_3]_{total} = [NH_3]_{equil} + [NH_3]_{estequiométrica} = 0,344 + 0,002 = 0,346 \text{ mol/L}$$

**Resposta:** $[NH_3]_{total} = 0,346$ mol/L

### Exercício 19

Se a uma solução 0,200 mol/L em amônia livre e 0,020 mol/L em $Ag(NH_3)_2^+$ for adicionado um igual volume de NaCl 0,0020 mol/L, irá precipitar AgCl?

Dados: $Ag(NH_3)_2^+$ $K_{est} = 2,5 \times 10^7$

### Solução

Devemos levar em consideração a diluição das soluções após a mistura e dividir as concentrações iniciais pela metade:

$$[Ag(NH_3)_2^+]_{inicial} = 0,0200 \text{ mol/L} / 2 \rightarrow [Ag(NH_3)_2^+]_{final} = 0,0100 \text{ mol/L}$$

$$[Cl^-]_{inicial} = 0,0020 \text{ mol/L} / 2 \rightarrow [Cl^-]_{final} = 0,0010 \text{ mol/L}$$

$$[NH_3]_{inicial} = 0,200 \text{ mol/L} / 2 \rightarrow [NH_3]_{final} = 0,100 \text{ mol/L}$$

Devemos calcular a concentração de íons prata livre a partir da reação de formação do complexo $Ag(NH_3)_2^+$, que é dado por

$$Ag^+_{(aq)} + 2\,NH_{3(aq)} \rightleftharpoons Ag(NH_3)_2^+{}_{(aq)}$$

onde

$$K_{est} = [Ag(NH_3)_2^+] / [Ag^+][NH_3]^2$$

Substituindo as concentrações na expressão da constante de equilíbrio, teremos

$$2,5 \times 10^7 = 0,0100 / x\,(0,100)^2$$

ou rearranjando para íons prata teremos

$$x = [Ag^+] = (0,010) / 2,5 \times 10^7\,(0,100)^2 = 4,0 \times 10^{-8}\,mol/L$$

$$[Ag^+] = 4,0 \times 10^{-8}\,mol/L$$

Calculando o produto iônico do AgCl e comparando com o $K_{PS}$ teremos:

$Q_{PS}$ = produto iônico
$Q_{PS} = [Ag^+][Cl^-]$
$= 4,0 \times 10^{-8} \times (0,0010)$
$= 4,0 \times 10^{-11} > K_{PS} = 5,0 \times 10^{-13}$

**Resposta** ocorre precipitação do AgCl.

### Exercício 20
Verifique a possibilidade de dissolução do HgS em ácido nítrico calculando a constante de dissolução ($K_d$) para a seguinte reação global:

$$3\,HgS_{(s)} + 2\,NO_3^-{}_{(aq)} + 8\,H^+{}_{(aq)} \rightleftharpoons 3\,Hg^{2+}{}_{(aq)} + 2\,NO_{(g)} + 3\,S^0 + 4\,H_2O \quad K_d = ?$$

### Solução
A reação proposta constitui um equilíbrio simultâneo que deve ser decomposto em três equilíbrios individuais a fim de possibilitar o cálculo da constante de dissolução global. O sistema (1) envolve um equilíbrio de solubilidade de um sal pouco solúvel (HgS) cuja constante do produto de solubilidade ($K_{PS}$) é conhecida. O sistema (2) envolve um sistema ácido-base para o ácido fraco ($H_2S$) cuja constante ácida de dissociação global ($K_a$) também é conhecida. O equilíbrio (3) envolve um reação redox em meio ácido entre os pares $NO_3^-/NO$ e $S^0/H_2S$ (ver Tabela 4.5), cuja constante redox para a reação é desconhecida mas que pode ser calculada a partir da determinação da diferença de potencial padrão (potencial de cela, $\varepsilon^0$) para a reação redox.

(1) $HgS \rightleftharpoons Hg^{2+} + S^{2-}$   $K_{PS} = 1,6 \times 10^{-54}$

(2) $H_2S \rightleftharpoons 2\,H^+ + S^{2-}$   $K_a = K_{a1} \times K_{a2} = 6,8 \times 10^{-23}$

(3) $3\,H_2S + 2\,NO_3^- + 8\,H^+ \rightleftharpoons 3\,S^0 + 2\,NO + 4\,H_2O$   $\varepsilon^0 = ?$   $K = ?$

Para calcular o potencial de cela ($\varepsilon^0$) para o equilíbrio (3), é necessário escrever as semirreações de redução dos dois pares redox envolvidos, conforme abaixo:

a) $S^0 + 2\,H^+ + 2\,e^- \rightleftharpoons H_2S$   $\varepsilon^0 = +0,141\,V$
b) $NO_3^- + 4\,H^+ + 3\,e^- \rightleftharpoons NO + 2\,H_2O$   $\varepsilon^0 = +0,960\,V$

Para obter a reação representada no equilíbrio (3) é necessário:

- Multiplicar a reação (a) por 3 e inverter
- Multiplicar a reação (b) por 2, permanece igual

Resulta que

(a) $3 H_2S \rightleftharpoons 3 S^0 + 6 H+ + 6 e^-$ $\quad \varepsilon^0 = + 0,141 V$

(b) $2 NO_3^- + 8 H^+ + 6 e^- \rightleftharpoons 2 NO + 4 H_2O$ $\quad \varepsilon^0 = + 0,960 V$

Somando membro a membro as reações (a) e (b), é obtida a reação redox do equilíbrio (3):

$$3 H_2S + 2 NO_3^- + 2 H^+ \rightleftharpoons 3 S^0 + 2 NO + 4 H_2O$$

Para calcular o potencial de cela ($\varepsilon^0$) do equilíbrio redox (3), subtrai-se o potencial padrão da semirreação (b) do potencial padrão da semirreação (a), aqui designados por ($\varepsilon^0_{reação\ igual} - \varepsilon^0_{reação\ invertida}$), resultando em

$$\varepsilon^0 = (+ 0,960 V) - (+ 0,141 V) = + 0,819 V$$

A partir da equação de Arrhenius, calcula-se o a constante redox da reação (3)

$$K_{redox} = 10^{n\Delta\varepsilon^0/0,05916} = 10^{6 \times 0,819/0,05916} = 10^{83,147} = 1,40 \times 10^{83}$$

Considerando que o equilíbrio (3) está equacionado, ainda é necessário adequar os equilíbrios (1) e (2). Assim,

1. Multiplicar por 3
2. Inverter e multiplicar por 3
3. Permanece igual

Resulta que

(1) $3 HgS \rightleftharpoons 3 Hg^{2+} + 3 S^{2-}$ $\quad (K_{PS})^3 = (1,6 \times 10^{-54})^3 = 4,10 \times 10^{-162}$

(2) $2 H^+ + S^{2-} \rightleftharpoons H_2S$ $\quad K = 1/(K_{a1} \times K_{a2})^3 = 1/(6,8 \times 10^{-23})^3 = 3,12 \times 10^{66}$

(3) $3 H_2S + 2 NO_3^- + 8 H^+ \rightleftharpoons 3 S^0 + 2 NO + 4 H_2O$ $\quad K_r = 1,40 \times 10^{83}$

Após fazer adequadamente o balanço de massas e de cargas e somando membro a membro as equações, obtem-se a reação global proposto pelo problema. Calcula-se, então, a constante de dissolução global:

$K_d = (K_{PS})^3 \times K \times K_r = 4,10 \times 10^{-162} \times 3,12 \times 10^{66} \times 1,40 \times 10^{83} = 1,79 \times 10^{-12}$

**Resposta** $K_d = 1,79 \times 10^{-12}$

Como a constante de dissolução ($K_d$) do processo é muito baixa, $1,79 \times 10^{-12}$, é praticamente impossível dissolver HgS em $HNO_3$.

# Exercícios

1. Conforme a definição de equilíbrio químico, quando podemos dizer que um processo alcançou a condição de equilíbrio?
2. Defina reversibilidade e irreversibilidade. Como estes conceitos estão associados a uma condição de equilíbrio?
3. Os processos abaixo especificados são reversíveis ou irreversíveis? Explique.
    a) Propagação da fragrância de um perfume em sala de aula
    b) Dissolução de açúcar em uma xícara de café quente
    c) Derramamento de uma carga tóxica no oceano
4. Demonstre a utilidade prática da Lei de Le Chatelier apresentando dois exemplos.
5. Proponha três alternativas para deslocar o equilíbrio abaixo no sentido direto.

    $$NH_4NO_{2(s)} \rightleftharpoons N_{2(g)} + 2\,H_2O_{(g)}$$

6. Expresse a constante de equilíbrio para as seguintes reações:
    a) $H_3PO_{4(aq)} + H_2O \rightleftharpoons H_3O^+_{(aq)} + H_2PO_4^-_{(aq)}$
    b) $NH_{3(aq)} + H_2O \rightleftharpoons NH_4^+_{(aq)} + OH^-_{(aq)}$
    c) $2\,SO_{2(g)} + O_{2(g)} \rightleftharpoons 2\,SO_{3(g)}$
    d) $Ni^{2+}_{(aq)} + 6\,NH_{3(aq)} \rightleftharpoons [Ni(NH_3)_6]^{2+}_{(aq)}$
    e) $Hg_2^{2+}_{(aq)} \rightleftharpoons 2\,Hg^{2+}_{(aq)} + 2\,e^-$
    f) $3\,Fe^{2+}_{(aq)} + 4\,H^+_{(aq)} + NO_3^-_{(aq)} \rightleftharpoons NO_{(g)} + 2\,H_2O + 3\,Fe^{3+}_{(aq)}$

7. Dadas as reações a seguir e suas respectivas constantes de equilíbrio à temperatura de 25°C, determine as expressões das constantes de equilíbrio para cada reação e avalie em que sentido a reação é mais viável – se de reagentes para produtos ou de produtos para reagentes.

    (a) $2\,H_{2(g)} + O_{2(g)} \rightleftharpoons 2\,H_2O_{(g)}$ \hspace{1em} $K = 3{,}2 \times 10^{81}$
    (b) $AgCl_{(s)} \rightleftharpoons Ag^+_{(aq)} + Cl^-_{(aq)}$ \hspace{1em} $K = 1{,}8 \times 10^{-10}$
    (c) $2\,NH_{3(g)} \rightleftharpoons N_{2(g)} + 3\,H_{2(g)}$ \hspace{1em} $K = 2{,}8 \times 10^{-9}$
    (d) $NH_{3(aq)} + H_2O_{(l)} \rightleftharpoons NH_4^+_{(aq)} + OH^-_{(aq)}$ \hspace{1em} $K = 1{,}8 \times 10^{-5}$
    (e) $C_{(s)} + \tfrac{1}{2}\,O_{2(g)} \rightleftharpoons CO_{(g)}$ \hspace{1em} $K = 2{,}1 \times 10^{47}$

8. Em que condições de temperatura os processos abaixo discriminados são mais viáveis? Explique.

   a) $H_{2(g)} \rightarrow 2\,H_{(g)}$      $\Delta H^0 > 0$
   b) $6\,CO_{2(g)} + 6\,H_2O_{(l)} \rightarrow C_6H_{12}O_{6(s)} + 6\,O_{2(g)}$      $\Delta H^0 > 0$
   c) $2\,Cu_{(s)} + \frac{1}{2}\,O_{2(g)} \rightarrow Cu_2O_{(s)}$      $\Delta H^0 > 0$
   d) $H_2C_2O_{4(g)} + \frac{1}{2}\,O_{2(g)} \rightarrow 2\,CO_{2(s)} + H_2O_{(g)}$      $\Delta H^0 > 0$

9. Expresse as constantes de equilíbrio $K_1$, $K_2$, $K_3$ e $K_4$ em termos das concentrações dos reagentes e produtos e de seus respectivos coeficientes estequiométricos apresentados nas reações 1, 2, 3 e 4.

   Reação 1: $A + B \rightleftharpoons C$     $K_1$
   Reação 2: $A + 2B \rightleftharpoons 3C$     $K_2$
   Reação 3: $1/2\,A + B \rightleftharpoons 3/2\,C + D$     $K_3$
   Reação 4: $1/2\,A_{(s)} + B \rightleftharpoons 3/2\,C_{(s)} + D$     $K_4$

10. Expresse $K_2$ em função de $K_1$ para cada par de reações químicas envolvendo os reagentes e produtos genéricos A, B e C.

    Par 1: $A + B \rightleftharpoons 2C$     $K_1$
            $3A + 3B \rightleftharpoons 6C$     $K_2$
    Par 2: $A + B \rightleftharpoons C$     $K_1$
            $C \rightleftharpoons A + B$     $K_2$

11. Em uma determinada temperatura, a reação

    $$PCl_{5(g)} \rightleftharpoons PCl_{3(g)} + Cl_{2(g)}$$

    apresenta uma constante de equilíbrio $K$ no valor de 78. Sabendo-se que o valor da pressão exercida pelo $PCl_{5(g)}$ no equilíbrio é de 0,025 bar e que no inicio da reação não existiam produtos, calcule a pressão parcial do gás $PCl_{3(g)}$ no equilíbrio.

12. Consideremos que a reação química citada na questão 11 apresente os seguintes valores de pressões parciais em um determinado momento:

    $P_{PCl_{5(g)}} = 0{,}5$ bar
    $P_{PCl_{3(g)}} = 0{,}72$ bar
    $P_{PCl_{2(g)}} = 0{,}72$ bar

    Podemos dizer que esta reação está em uma condição de equilíbrio?

13. Qual deve ser a concentração do produto da reação entre o gás hidrogênio e o iodo gasoso quando atingida a condição de equilíbrio. Considere a constante de equilíbrio para esta reação, à temperatura de 425°C, 55,64 e a concentração inicial de cada reagente, 0,5 mol/L.

    Dados fornecidos: $H_{2(g)} + I_{2(g)} \rightleftharpoons 2\,HI_{(g)}$

14. Calcule a concentração de íons $Pb^{2+}$ em solução quando 10 g do sólido $PbCl_2$ são colocados em um recipiente contendo 1,00 litro de água deionizada. A ionização desse composto ocorre conforme a reação

    $$PbCl_{2(s)} \rightleftharpoons Pb^{2+}_{(aq)} + 2\,Cl^{-}_{(aq)}$$

    e a constante de equilíbrio a 25°C é $1{,}7 \times 10^{-5}$.

15. O gás monóxido de carbono é conhecido por causar asfixia quando inalado em determinadas concentrações. O princípio de envenenamento por esse gás está associado à forte ligação formada entre a molécula de CO e a molécula de hemoglobina presente no sangue humano. Durante a contaminação, o CO se prende a esta molécula não permitindo que a mesma transporte oxigênio durante o processo respiratório, causando, desta forma, a asfixia. No momento da asfixia (ou seja, no equilíbrio da reação), a concentração do complexo de hemoglobina com CO no sangue é igual à concentração da hemoglobina ligada ao $O_2$.

    Se a fração mássica de monóxido de carbono no ar que causa este envenenamento é de 0,001 e, na média, a fração mássica de $O_2$ no ar é de 0,20, calcule a constante de equilíbrio da reação de fixação do monóxido carbono à hemoglobina na temperatura de 36°C.

    A reação de competição entre monóxido de carbono e oxigênio é:

    $$HbO_{2(aq)} + CO_{(g)} \rightleftharpoons HbCO_{(aq)} + O_{2(g)}$$

16. Qual é a solubilidade em ppm (mg/L) do hidróxido ferroso ($Fe(OH)_2$), em solução de pH = 9,70.

    Dados: $\overline{M}_{Fe(OH)_2}$ = 89,45 g/mol

17. Qual é a solubilidade do hidróxido de magnésio ($Mg(OH)_2$) em solução de pH 9,50?

18. O iodato de cério I ($Ce(IO_3)_3$) apresenta $K_{PS} = 3,2 \times 10^{-10}$. Qual é a sua solubilidade molar em solução 0,10 mol/L de $NaIO_3$?

19. (a) Quais são as concentrações molares de íons $Ca^{2+}$ e $PO_4^{3-}$ em uma solução saturada de fosfato de cálcio ($Ca_3(PO_4)_2$) com $K_{PS} = 1,0 \times 10^{-26}$, desconsiderando possíveis reações ácido-base? (b) Qual é a nova concentração molar de íons $Ca^{2+}$ ao se dissolver 8,2 g de nitrato de cálcio em 100 mL dessa solução? (c) Qual é a solubilidade de íons fosfato nessa nova condição?

20. O $K_{PS}$ do hidróxido de bismuto é $4,0 \times 10^{-31}$. Qual é a sua solubilidade molar do sal pouco solúvel em pH 11?

21. A solubilidade do $CaC_2O_4$ em água e à temperatura ambiente é $4,08 \times 10^{-4}$ g/100 mL. Qual é o valor do $K_{PS}$ para o composto?

    Dados: $\overline{M}_{CaC_2O_4}$ = 80,03 g/mol

22. Determine a solubilidade do AgCl ($K_{PS} = 1,8 \times 10^{-10}$) em (a) água pura e (b) em solução 0,010 mol/L de cloreto de sódio. Em quantas vezes diminui a solubilidade na presença do ânion comum?

23. Determine a solubilidade do hidróxido de alumínio ($K_{PS} = 5,0 \times 10^{-33}$) em (a) água pura e (b) e na presença de 0,010 mol/L de hidróxido de sódio. (c) Em quantas vezes diminui a solubilidade na presença do ânion comum? (d) Calcule a solubilidade em pH 9,5.

24. Quantas miligramas de íons chumbo podem permanecer sem precipitar (em equilíbrio) em 100 mL de solução após a adição de cromato de potássio em nitrato de prata até que a concentração de prata atinja 0,02 mol/L?

    Dados: $\overline{M}_{PbCrO_4}$ = 323,22 g/mol
    $K_{PS}\ PbCrO_4 = 1,17 \times 10^{-10}$

25. Uma solução que contém 5,0 mL de HCl 12 mol/L em um volume total de 200 mL é saturada com $H_2S$ para precipitar CdS. Calcule a massa em miligramas

por 100 mL e a concentração molar de íons $Cd^{2+}$ que permanecem sem precipitar. Negligencie as reações de hidrólise.

Dados: $\overline{M}_{Cd}$ = 121,41 g/mol
$K_{PS}$ CdS = $8,0 \times 10^{-27}$

26. Uma solução contém íons $Cu^{2+}$ e $Co^{2+}$ e 5 mL de HCl 12 mol/L em um volume total de 100 mL. Calcule o número de miligramas de cada íon metálico que permanece sem precipitar. Negligencie as reações de hidrólise.

Dados: $\overline{M}_{Cu}$ = 63,54 g/mol; $K_{PS}$ CuS = $8,0 \times 10^{-37}$
$\overline{M}_{Co}$ = 58,94 g/mol; $K_{PS}$ CoS = $5,0 \times 10^{-22}$

27. Por que o conceito de equilíbrio químico é aplicável a soluções de ácidos fracos, porém não é aplicável a soluções de ácidos fortes?

28. Qual é a concentração de íons hidrônio em uma solução de pH 11?

29. Calcule a concentração de íons hidrônio em uma solução de KOH 0,001 mol/L.

30. Calcule o pH de uma solução de $Sr(OH)_2$ 0,4 mol/L?

31. Calcule a concentração de íons hidroxila de uma solução de pH 8,5.

32. Qual é o pH de uma solução após a adição de 999 mL de água destilada a 1,0 mL de HCl 0,010 mol/L?

33. Calcule o pH de um ácido forte monoprótico cuja concentração é igual a $10^{-7}$ mol/L.

34. Qual é a concentração de íons hidrônio e de íons hidroxila em uma solução de ácido forte monoprótico de pH 1,70? Qual é a concentração de íons hidrônio provenientes da autoionização da água?

35. Calcule o pH de uma solução de ácido acético nas concentrações $10^{-1}$, $10^{-2}$, $10^{-4}$ e $10^{-6}$ mol/L.

Dados: $K_a = 1,8 \times 10^{-5}$

36. Qual é o pH de uma solução aquosa de amônia 0,20 mol/L?

Dados: $K_b = 1,8 \times 10^{-5}$

37. Efedrina, um estimulante do sistema nervoso central, é usado em sprays nasais como descongestionante. O composto é uma base fraca orgânica:

$$C_{10}H_{15}ON_{(aq)} + H_2O \rightleftharpoons C_{10}H_{15}ONH^+_{(aq)} + OH^-_{(aq)} \quad K_b = 1,4 \times 10^{-4}$$

Calcule o pH de uma solução 0,035 mol/L de efedrina.

38. (a) Que quantidade em mol/L de cloreto de amônio corresponde à massa de 10,7 g? (b) Qual é a concentração em íon amônio e qual é o pH da solução tampão após a adição de 10,7 g de cloreto de amônio em 100 mL de solução de amônia 3,0 mol/? Considere que o volume permanece inalterado com a adição do sólido.

Dados: $\overline{M}_{NH_4Cl}$ = 53,45 g/mol

39. Calcule o pH dos sistemas tampão em meio aquoso:
    (a) 0,010 mol/L $CH_3COOH$ / 0,010 mol/L $CH_3COONa$
    (b) 0,010 mol/L $CH_3COOH$ / 0,10 mol/L $CH_3COONa$
    (c) 0,10 mol/L $CH_3COOH$ / 0,010 mol/L $CH_3COONa$

40. Adicionam-se 4,10 g de acetato de sódio ($NaC_2H_3O_2$) a 100 mL de uma solução de ácido acético ($CH_3COOH$), de concentração 0,250 mol/L. Qual é a concentração molar de íon acetato e o pH do sistema tampão formado pelo par conjugado ácido-base, admitindo-se que o volume permaneceu inalterado com a adição do sólido?

    Dados: $\overline{M}_{NaC_2H_3O_2} = 82$ g/mol
    $CH_3COOH\ K_a = 1,78 \times 10^{-5}$

41. Calcule o pH do sistema tampão após a mistura de 90,0 mL de amônia 0,10 mol/L com 10,0 mL de HCl 0,10 mol/L.

    Dados: $K_b\ NH_3 = 1,78 \times 10^{-5}$

42. O par conjugado $H_2CO_3/HCO_3^-$ é um dos sistemas que auxiliam na regulagem do pH do sangue. (a) Qual é a concentração hidrogeniônica, considerando-se que o pH do sangue é 7,40 e $K_1 = 4,6 \times 10^{-7}$? (b) Qual é o valor da razão $[H_2CO_3]/[HCO_3^-]$ nessa condição de pH?

43. Calcule o pH de uma solução resultante da mistura de 80,0 mL de $NaHPO_4$ 0,800 mol/L com:

    (a) 20,0 mL de NaOH 1,60 mol/L

    (b) 40,0 mL de NaOH 1,60 mol/L

44. Uma solução de ácido triprótico genérico ($H_3A$) de concentração igual a 0,200 mol/L, apresenta pH igual a 1,54 e concentrações das espécies $HA^{2-}$ e $A^{3-}$ respectivamente $2,0 \times 10^{-8}$ e $2,8 \times 10^{-19}$ mol/L. Calcule os valores das constantes de ionização $K_1$, $K_2$ e $K_3$.

45. Uma solução de um ácido diprótico apresenta $\alpha_0 = \alpha_1$ no pH = 3,00. Qual é o valor de $K_1$ para o equilíbrio de ionização desse ácido.

46. (a) Qual é o valor de pH em que uma solução de ácido carbônico apresenta $[H_2CO_3] = [HCO_3^-]$?; (b) Nesse pH, quais são os valores de $\alpha_0$, $\alpha_1$ e $\alpha_2$?

47. Uma solução 0,100 mol/L de ácido sulfuroso ($H_2SO_3$) é levada ao pH = 6,00 através da adição de uma base forte ao sistema. Nesse valor de pH, as frações molares de $H_2SO_3$ e $HSO_3^-$ são, respectivamente, $7,63 \times 10^{-11}$ e 0,938. Determine a fração molar (alfa-valor) da espécie $SO_3^{2-}$ e as concentrações molares de $H_2SO_3$, $HSO_3^-$ e $SO_3^{2-}$?

48. Determine a concentração de equilíbrio de íons prata em uma solução 0,020 mol/L de $Ag(NH_3)_2^+$.

49. Calcule a concentração de equilíbrio de íons prata após a reação de 0,010 mol/L de $AgNO_3$ com 1,0 mol/L de amônia.

50. Determine a razão das concentrações de equilíbrio de íons cádmio em soluções 0,20 mol/L em $Cd(NH_3)_4^{2+}$ e 0,20 mol/L em $Cd(CN)_4^{2-}$.

51. Duas soluções contendo 0,010 mol/L de íons $Fe^{3+}$ e 0,010 mol/L de íons $SCN^-$ são postas a reagir ocorrendo a formação de um íon complexo de $Fe(SCN)^{2+}$. Determine as concentrações de equilíbrio de íons $Fe^{3+}$, $SCN^-$ e de $Fe(SCN)^{2+}$.

52. Acerte os coeficientes das equações abaixo pelo método do número de oxidação em meio aquoso, indicando o agente oxidante e o agente redutor, o número de elétrons envolvidos nas duas semirreações, o número de cargas positivas ou negativas em ambos os lados da reação global.

(a) $As_2S_{5(s)} + NO_3^-{}_{(aq)} \rightarrow AsO_4^{3-} + NO_{2(g)} + S^0{}_{(aq)}$ (meio ácido)

(b) $Fe^{2+}{}_{(aq)} + NO_2^-{}_{(aq)} \rightarrow Fe^{3+}{}_{(aq)} + NO_{(g)}$ (meio ácido)

(c) $Fe^{2+}{}_{(aq)} + Cr_2O_7^{2-}{}_{(aq)} \rightarrow Cr^{3+}{}_{(aq)} + Fe^{3+}{}_{(aq)}$ (meio ácido)

(d) $Cr_2O_7^{2-}{}_{(aq)} + H_2O_{2(aq)} \rightarrow Cr^{3+}{}_{(aq)} + O_{2(g)} + H_2O$ (meio ácido)

(e) $MnO_4^-{}_{(aq)} + Br^-{}_{(aq)} \rightarrow Mn^{2+}{}_{(aq)} + Br_{2(l)}$ (meio ácido)

(f) $Sn(OH)_4^{2-}{}_{(aq)} + CrO_4^{2-}{}_{(aq)} \rightarrow Sn(OH)_6^{2-}{}_{(aq)} + CrO_2^-$ (meio alcalino)

(g) $Cr(OH)_{3(s)} + S_2O_8^{2-}{}_{(aq)} \rightarrow CrO_4^{2-}{}_{(aq)} + SO_4^{2-}{}_{(aq)}$ (meio alcalino)

(h) $CrO_4^{2-}{}_{(aq)} + S^{2-}{}_{(aq)} \rightarrow Cr(OH)_{3(s)} + S^0{}_{(aq)}$ (meio alcalino)

(i) $ClO^-{}_{(aq)} + I^-{}_{(aq)} \rightarrow Cl^- + I_{2(l)}$ (meio alcalino)

(j) $Al_{(s)} + NO_2^-{}_{(aq)} \rightarrow AlO_2^{2-}{}_{(aq)} + NH_{3(aq)}$ (meio alcalino)

53. Calcule a constante de equilíbrio do processo abaixo representado a partir das semirreações da tabela de potenciais, considerando o valor do $K_{PS}$ do hidróxido férrico ($Fe(OH)_3$) igual a $6{,}0 \times 10^{-38}$. A partir do resultado, defina a viabilidade do processo no sentido considerado.

$$H_2O + 2\,Fe^{2+}{}_{(aq)} + HO_2^-{}_{(aq)} + 3\,OH^-{}_{(aq)} \rightarrow 2\,Fe(OH)_{3(s)}$$

54. Escreva as semirreações catódica e anódica envolvidas na eletrólise de uma solução levemente ácida de nitrato de níquel ($Ni(OH_3)_2$). Calcule também o valor de força eletromotriz (f.e.m.) padrão de retorno do processo.

55. Uma célula de zinco-óxido de prata, usada em aparelhos auditivos, baseia-se nas seguintes semirreações:

$$Zn^{2+}{}_{(aq)} + 2\,e^- \rightleftharpoons Zn_{(s)} \qquad \varepsilon^0 = -0{,}763\,V$$

$$Ag_2O_{(s)} + H_2O + 2\,e^- \rightleftharpoons 2\,Ag_{(s)} + 2\,OH^-{}_{(aq)} \qquad \varepsilon^0 = -0{,}344\,V$$

(a) Qual reação global ocorre durante a descarga da bateria?

(b) Qual f.e.m. essa célula gera em condições padrão?

56. Calcule a constante de equilíbrio da reação abaixo, definindo a viabilidade do processo a 25°C.

$$10\,Br^-{}_{(aq)} + 2\,MnO_4^-{}_{(aq)} + 16\,H^+{}_{(aq)} \rightarrow 2\,Mn^{2+}{}_{(aq)} + 5\,Br_{2(l)} + 8\,H_2O$$

57. A reação total do acumulador de chumbo é

$$Pb_{(s)} + PbO_{2(s)} + 2\,H^+{}_{(aq)} + 2\,HSO_4^- \rightarrow 2\,PbSO_{4(s)} + 2\,H_2O$$

Indique as semirreações envolvidas no processo e calcule o valor da f.e.m. padrão e a constante de equilíbrio para o processo.

58. Determine o valor das constantes de equilíbrio para as seguintes reações não redox, indicando o tipo de constante de equilíbrio, se é uma constante de estabilidade ou constante do produto de solubilidade, com base nas semirreações redox encontradas na tabela de potenciais padrão de redução.

(a) $Hg^{2+}{}_{(aq)} + 4\,Cl^-{}_{(aq)} \rightleftharpoons HgCl_4^{2-}{}_{(aq)}$

(b) $Zn^{2+}{}_{(aq)} + 4\,CN^-{}_{(aq)} \rightleftharpoons Zn(CN)_4^{2-}{}_{(aq)}$

(c) $Co^{2+}_{(aq)} + 6\ NH_{3(aq)} \rightleftharpoons Co(NH_3)_6^{2+}_{(aq)}$

(d) $PbCO_{3(s)} \rightleftharpoons Pb^{2+}_{(aq)} + CO_3^{2-}_{(aq)}$

(e) $CdS_{(s)} \rightleftharpoons Cd^{2+}_{(aq)} + S^{2-}_{(aq)}$

(f) $Ca(OH)_{2(s)} \rightleftharpoons Ca^{2+}_{(aq)} + 2\ OH^-_{(aq)}$

59. Calcule a concentração mínima de hidrônio capaz de impedir a precipitação de sulfeto cúprico de uma solução 0,010 mol/L de íons $Cu^{2+}$ quando se adiciona a ela tioacetamida a quente até a saturação em $H_2S$.

60. Uma solução 0,0100 mol/L de íons $Cd^{2+}$ que apresenta pH = 0,070, é tratada com tioacetamida a quente até a precipitação completa do sulfeto de cádmio. Qual é a percentagem de $Cd^{2+}$ precipitado nessas condições?

61. Uma solução de pH igual a 0,060 contendo íons $Cd^{2+}$ e $Zn^{2+}$, ambos em concentração 0,010 mol/L, é tratada com tioacetamida a quente até a saturação em $H_2S$. Haverá separação adequada dos Grupos II e III? Explique.

62. Na preparação do meio ácido para a precipitação dos sulfetos dos cátions do Grupo II, o pH obtido inicialmente é igual a 0,29. Nesse valor de pH, alguns sulfetos precipitam facilmente; entretanto, íons $Cd^{2+}$, $Pb^{2+}$ e $Sn^{2+}$ necessitam de meio menos ácido para que ocorra a precipitação. Esse abrandamento da acidez é efetuado através de diluição. Supondo que a concentração dos cátions na solução problema seja $1,0 \times 10^{-2}$ mol/L, calcule a razão dessa diluição de tal maneira que o produto iônico do mais solúvel dos três sulfetos seja cem vezes maior que o valor do $K_{PS}$ e, portanto, garanta a precipitação completa de todos os cátions desse grupo.

63. Uma solução contendo íons $Cd^{2+}$ 0,010 mol/L, $Zn^{2+}$ $5,0 \times 10^{-3}$ mol/L e $Co^{2+}$ 0,015 mol/L apresenta pH = 1,30. Essa solução é tratada com tioacetamida a quente. Haverá precipitação de algum sulfeto?

64. Uma solução de pH = 8,78 contém $Mn^{2+}$ em concentração $1,0 \times 10^{-3}$ mol/L. Essa solução é saturada em $H_2S$. Nessas condições, forma-se um precipitado. Esse precipitado é um hidróxido ou um sulfeto?

65. Uma solução de pH = 11 é concentração de $1,0 \times 10^{-2}$ mol/L em íons complexos $Cu(CN)_3^{2-}$ e $Cd(CN)_4^{2-}$. Essa solução é tratada com tioacetamida a quente. Se a concentração de cianeto livre é $1,0 \times 10^{-1}$ mol/L, verifique se ocorre precipitação de algum sulfeto.

66. Calcule a concentração de amônia necessária para dissolver completamente 286,6 mg de AgCl em um volume de 5,00 mL.

67. Se a uma solução 0,200 mol/L em amônia livre e 0,020 mol/L em $Ag(NH_3)_2^+$ é adicionado um igual volume de NaCl 0,0020 mol/L, irá precipitar AgCl?

68. Calcule a massa de brometo de prata que pode ser dissolvida em 10,0 mL de solução de amônia de concentração 6,0 mol/L.

69. Qual volume de solução 6,0 mol/L em amônia é capaz de dissolver 188 mg de AgBr?

70. Determine a solubilidade do sulfeto de cádmio em solução 0,500 mol/L de cianeto de sódio, segundo a equação:

$$CdS_{(s)} + 4\ CN^-_{(aq)} \rightleftharpoons Cd(CN)_4^{2-}_{(aq)} + S^{2-}_{(aq)}$$

71. Calcule a concentração mínima de amônio capaz de impedir a precipitação de hidróxido de magnésio de uma solução 0,010 mol/L do cátion magnésio e que é também 0,10 mol/L em amônia.

72. Uma solução $1,0 \times 10^{-3}$ mol/L em $Cr^{3+}$ e $1,0 \times 10^{-2}$ mol/L em íons $Mg^{2+}$ é tamponada com $NH_3$ 4,0 mol/L e $NH_4Cl$ 0,80 mol/L. Verifique se o tamponamento é adequado para separar íons $Cr^{3+}$ e $Mg^{2+}$ como se efetua na precipitação do Grupo III.

73. Uma solução de pH = 12,40 contém $HPbO_2^-$ em concentração 0,010 mol/L e cromato 0,10 mol/L. Sabendo que o equilíbrio $HPbO_2^- + H_2O \rightleftharpoons Pb^{2+} + 3\,OH^-$ apresenta $K = 1,6 \times 10^{-18}$, responda se há possibilidade de haver precipitação de cromato de chumbo nessa solução.
Dado: $K_{PS}$ ($PbCrO_4$) = $1,17 \times 10^{-10}$.

74. Calcule a massa de nitrato de amônio que se deve adicionar a 25,0 ml de $NH_3$ 3,0 mol/L a fim de evitar a precipitação de hidróxido de magnésio quando essa solução é adicionada a 25,0 ml de cloreto de magnésio 0,040 mol/L.

75. Verifique a dissolução do mercúrio metálico em água-régia segundo a equação:

$$3\,Hg_{(s)} + 2\,NO_3^-{}_{(aq)} + 12\,Cl^-{}_{(aq)} + 8\,H^+{}_{(aq)} \rightleftharpoons 3\,HgCl_4^{2-}{}_{(aq)} + 2\,NO_{(g)} + 4\,H_2O$$

76. Verifique a possibilidade de dissolução de sulfeto de manganês em ácido clorídrico segundo a equação:

$$MnS_{(s)} + 2\,H^+{}_{(aq)} \rightleftharpoons Mn^{2+}{}_{(aq)} + H_2S_{(aq)}$$

77. Verifique a possibilidade de dissolução de carbonato de bário em ácido clorídrico segundo a equação:

$$BaCO_{3(s)} + 2H^+{}_{(aq)} \rightleftharpoons Ba^{2+}{}_{(aq)} + H_2O + CO_{2(aq)}$$

78. Calcule a constante de dissolução do hidróxido de magnésio em ácido clorídrico segundo a equação:

$$Mg(OH)_{2(s)} + 2\,H^+{}_{(aq)} \rightleftharpoons Mg^{2+}{}_{(aq)} + 2\,H_2O$$

79. Uma solução de um cromato solúvel apresenta dicromato em concentração $1,0 \times 10^{-2}$ mol/L. Nessa solução, não haverá precipitação de cromato de estrôncio quando a concentração do íon $Sr^{2+}$ for $1,0 \times 10^{-2}$ mol/L. Calcule o pH adequado (máximo), levando em conta que os íons cromato/dicromato estão envolvidos segundo o equilíbrio:

$$Cr_2O_7^{2-}{}_{(aq)} + H_2O \rightleftharpoons 2\,H^+{}_{(aq)} + 2\,CrO_4^{2-}{}_{(aq)} \qquad K = 2,35 \times 10^{-15}$$

80. Calcule a constante de dissolução do $Ca_3(PO_4)_2$ em ácido clorídrico segundo a equação:

$$Ca_3(PO_4)_{2\,(s)} + 2\,H^+{}_{(aq)} \rightleftharpoons 3\,Ca^{2+}{}_{(aq)} + 2\,HPO_4^{2-}{}_{(aq)}$$

81. Calcule a constante de dissolução do hidróxido cúprico em amônia segundo a equação:

$$Cu(OH)_{2\,(s)} + 4\,NH_{3\,(aq)} \rightleftharpoons Cu(NH_3)_4^{2+}{}_{(aq)} + 2\,OH^-{}_{(aq)}$$

82. Calcule a constante de dissolução do sulfeto mercúrico em ácido nítrico segundo a equação:

$$3\,HgS_{(s)} + 2\,NO_3^-{}_{(aq)} + 8\,H^+{}_{(aq)} \rightleftharpoons 3\,Hg^{2+}{}_{(aq)} + 3\,S^0 + 2\,NO_{(g)} + 4\,H_2O$$

83. Calcule a constante de dissolução do sulfeto mercúrico em água-régia segundo a equação:

$$3\,HgS_{(s)} + 2\,NO_3^-{}_{(aq)} + 12\,Cl^-{}_{(aq)} + 8\,H^+{}_{(aq)} \rightleftharpoons 3\,HgCl_4^{2-}{}_{(aq)} + 3\,S^0 + 2\,NO_{(g)} + 4\,H_2O$$

# Respostas

7. (a) $3{,}2 \times 10^{81} = \dfrac{[H^2]^2[O^2]}{[H_2O]^2}$

   O equilíbrio se estabelece com predominância dos produtos em relação aos reagentes.

   (b) $1{,}8 \times 10^{-10} = [Ag^+][Cl^-]$

   O equilíbrio se estabelece com predominância do reagente em relação aos produtos.

   (c) $2{,}8 \times 10^{-9} = \dfrac{[H_2]^3[N_2]}{[NH_3]^2}$

   O equilíbrio se estabelece com predominância do reagente em relação aos produtos.

   (d) $1{,}8 \times 10^{-5} = \dfrac{[NH_4^-][OH^-]}{[NH_3]}$

   O equilíbrio se estabelece com predominância do reagente em relação aos produtos.

   (e) $2{,}1 \times 10^{47} = \dfrac{[CO_2]}{[O_2]^{1/2}}$

   O equilíbrio se estabelece com predominância dos produtos em relação aos reagentes.

9. Reação 1: $K_1 = \dfrac{[C]}{[A][B]}$

   Reação 2: $K_2 = \dfrac{[C]^3}{[A][B]^2}$

   Reação 3: $K_3 = \dfrac{[C]^{3/2}[D]}{[A]^{1/2}[B]}$

   Reação 4: $K_4 = \dfrac{[D]}{[B]}$

10. (a) $K_2 = K_1^{\,3}$
    (b) $K_2 = K_1^{\,-1}$

11. Pressão parcial do $PCl_{3(g)} = 1,4$ bar
12. Não, porque ao realizar o cálculo para determinar a constante de equilíbrio o valor encontrado é de 1,04. Este valor não está nem próximo do valor de 78 (que é o valor da constante de equilíbrio para esta reação nessa temperatura). Assim, o sistema não está em condição de equilíbrio químico.
13. $[HI] = 3,73$ mol/L
14. $[Pb^{2+}] = 0,0257$ mol/L
15. $K_{eq} = 200$
16. $s = 0,029$ ppm
17. $s = 0,64$ g/L
18. $[Ce(IO_3)_3] = 3,2 \times 10^{-7}$ mol/L
19. (a) $[Ca^{2+}] = 7,4 \times 10^{-6}$ mol/L  $[PO_4^{3-}] = 4,9 \times 10^{-6}$ mol/L;
    (b) $[Ca^{2+}] = 0,50$ mol/L;
    (c) $s = 1,4 \times 10^{-13}$ mol/L
20. $s = 4,0 \times 10^{-22}$ mol/L
21. $K_{PS} = 2,6 \times 10^{-9}$
22. (a) $s = 1,34 \times 10^{-5}$ mol/L;
    (b) $s = 1,8 \times 10^{-8}$ mol/L; a solubilidade diminui 744 vezes
23. (a) $s = 3,11 \times 10^{-10}$ mol/L; (b) $s = 5,0 \times 10^{-27}$ mol/L;
    (c) $6,2 \times 10^{16}$ vezes; (d) $s = 1,58 \times 10^{-19}$ mol/L
24. Massa $= 2,51 \times 10^{-4}$ mg
25. $m_{Cd} = 1,28$ mg/100 mL
    $[Cd^{2+}] = 1,05 \times 10^{-4}$ mol/L
26. $m_{Cu^{2+}} = 6,69 \times 10^{-11}$ mg/100 mL
    $m_{Co^{2+}} = 38,8$ mg/100 mL
30. pH $= 13,90$
31. $[OH^-] = 3,16 \times 10^{-9}$ mol/L
32. pH $= 5,0$
33. pH $= 6,8$
34. $[H_3O^+] = 0,01995$ mol/L $\approx 0,020$ mol/L
    $[OH^-] = 5,01 \times 10^{-13}$ mol/L
35. pH $= 2,87; 3,4; 4,5; 6,0$, respectivamente.
36. pH $= 11,78$
37. pH $= 11,35$
38. (a) $[NH_4Cl] = 0,200$ mol/L; (b) $[NH_4^+] = 2,0$ mol/L  pH $= 9,42$
39. (a) pH $= 4,8$; (b) pH $= 5,75$; (c) pH $= 3,75$
40. $[C_2H_3O_2^-] = 0,500$ mol/L  pH $= 5,06$
41. pH $= 10,2$
42. (a) $[H_3O^+] = 4,0 \times 10^{-8}$ mol/L; (b) razão $19,8 \approx 20$

43. (a) pH = 7,21; (b) pH = 9,75
44. $K_1 = 4,9 \times 10^{-3}$    $K_2 = 2,0 \times 10^{-8}$    $K_3 = 4,0 \times 10^{-13}$
45. $K_1 = 1,0 \times 10^{-3}$
46. (a) pH = 6,34; (b) $\alpha_0 = \alpha_1 \approx 0,50$ e $\alpha_2$ é desprezível
47. (a) $\alpha_2 = 0,062$; (b) $[H_2SO_3] = 7,63 \times 10^{-12}$ mol/L; $[HSO_3^-] = 0,0938$ mol/L; $[SO_3^{2-}] = 0,0062$ mol/L
48. $[Ag^+] = 2,20 \times 10^{-4}$ mol/L
49. $[Ag^+] = 1,06 \times 10^{-8}$ mol/L
50. $[Ag^+]_{Cd(NH_3)_4^{2+}} = 1,06 \times 10^{-4}$ mol/L
    $[Ag^+]_{Cd(CN)_4^{2-}} = 1,26 \times 10^{-9}$ mol/L
    Razão: 96.800 vezes
51. $[Fe^{3+}] = 1,1 \times 10^{-4}$ mol/L
    $[SCN^-] = 0,090$ mol/L
    $[Fe(SCN)^{2+}] = 0,010$ mol/L
53. $K = 10^{78,13}$; o processo é altamente viável.
54. $\varepsilon^0 = -1,479$ V
55. (a) $Zn_{(s)} + Ag_2O_{(s)} + H_2O_{(l)} \rightleftharpoons Zn^{2+}_{(aq)} + 2\,Ag_{(s)} + 2\,OH^-_{(aq)}$
    (b) $\varepsilon^0 = 1,107$ V
56. $K = 1,98 \times 10^{75}$; o processo é altamente viável.
57. f.e.m. padrão = 1,927 V
    $K = 1,4 \times 10^{65}$
58. (a) $K = 4,4 \times 10^{12}$
    (b) $K = 2,0 \times 10^{-9}$
    (c) $K = 6,8 \times 10^4$
    (d) $K = 1,4 \times 10^{-13}$
    (e) $K = 5,1 \times 10^{-29}$
    (f) $K = 3,9 \times 10^{-6}$
59. $[H_3O^-]_{mín} = 2,9 \times 10^5$ mol/L
60. 91,5%
61. Somente CdS precipita. A separação efetivamente ocorre.
62. razão da diluição 3:1
63. Somente CdS precipita.
64. O precipitado é um sulfeto, pois $Q_{PS}$(sulfeto) $> K_{PS}$ e $Q_{PS}$(hidróxido) $< K_{PS}$.
65. Precipita somente o CdS.
66. $[NH_3] = 8,57$ mol/L
67. Com $Q_{PS} < K_{PS}$, não ocorre precipitação.
68. $m_{AgBr} = 30$ mg
69. 61 mL
70. $7,9 \times 10^{-6}$ mol/L

71. $[NH_4^+] = 0{,}054$ mol/L
72. O tamponamento não é adequado, pois haverá coprecipitação de $Cr(OH)_3$ e $Mg(OH)_2$.
73. $PbCrO_4$ não precipita, pois $Q_{ps} < K_{PS}$.
74. $m_{NH_4NO_3} = 4{,}60$ g
75. $K_{dissolução} = 10^{58,7}$
76. $K_{dissolução} = 1{,}0 \times 10^7$
    É possível dissolver o MnS em ácido clorídrico.
77. $K_{dissolução} = 2{,}3 \times 10^7$
    É possível dissolver o $BaCO_3$ em ácido clorídrico.
78. $K_{dissolução} = 1{,}0 \times 10^{17}$
    É possível dissolver o $Mg(OH)_2$ em ácido clorídrico.
79. pH = 5,87
80. $K_{dissolução} = 0{,}043$
81. $K_{dissolução} = 3{,}5 \times 10^{-6}$
82. $K_{dissolução} = 1{,}79 \times 10^{-12}$
    Como a constante de dissolução do processo é muito baixa, é praticamente impossível dissolver HgS em $HNO_3$.
83. $K_{dissolução} = 1{,}3 \times 10^{36}$
    Como a constante de dissolução do processo é muito alta, é possível dissolver HgS em $HNO_3$.

# Referências

FEIGL, F. *Chemistry of specific, selective and sensitive reactions*. New York: Academic, 1949.

UNIVERSIDADE FEDERAL DO RIO GRANDE DO SUL. Instituto de Química. *Manual de segurança em laboratórios*. Porto Alegre: COSAT, [2014]. Disponível em: <http://www.iq.ufrgs.br/cosat/inf_gerais/manual_seguranca.pdf>. Acesso em: 01 set. 2015.

## Leituras Recomendadas

ALEXEYEV, V. *Qualitative analysis*. Moscou: Mir, 1967.

BACCAN, N. et al. *Introdução à semimicroanálise qualitativa*. 7. ed. Campinas: UNICAMP, 1997.

DOBBINS, J. *Semi-micro qualitative analysis*. New York: John Wiley & Sons, 1943.

FEIGL, F. *Spot tests*. 4th ed. Amsterdam: Elsevier Publishing Company, 1954.

GARRETT, A. B. et al. *Semimicro qualitative analysis*. 3rd ed. Massachusetts: Blaisdell, 1966.

GILREATH, E. S. *Experimental procedures in elementary qualitative analysis*. New York: McGraw-Hill, 1968.

HARRIS, D. C. *Análise química quantitativa*. 6. ed. Rio de Janeiro: LTC, 2005.

LATIMER, W. M. *Oxidation potentials*. 2nd ed. New York: Prentice Hall, 1952.

MARTI, F. B. et al. *Química analítica cualitativa*. 18. ed. Madrid: Paraninfo, 2008.

MOCELLIN, R. C. A química newtoniana. *Química nova,* São Paulo, v. 29, n. 2, p. 388-396, Apr. 2006.

MOELLER, T. *Qualitative analysis*. 2nd ed. New York: McGraw-Hill, 1959.

MUELLER, H.; SOUZA, D. *Química analítica qualitativa clássica*. Blumenau: Edifurb, 2010.

RUSSEL, J. B. *Química geral*. São Paulo: McGraw-Hill, 1982.

SKOOG, D. A. et al. *Fundamentos de química analítica*. 8. ed. São Paulo: Pioneira Thomson Learning, 2006.

SLOWINSKI, E. J.; MASTERTON, W. L. *Qualitative analysis and the properties of ions in aqueous solutions*. 2nd ed. Boston: Cengage Learning, 1990. (Saunders Golden Series).

UNIVERSIDADE DE SÃO PAULO (Org.). Instituto de Química. *Experiências sobre equilíbrio químico*. São Paulo: IQUSP, 1985.

VOGEL, A. I. *Química analítica qualitativa*. 5. ed. São Paulo: Mestre Jou, 1981.

# Índice

ácidos e bases fortes, 19-20
ácidos e bases fracos, 20-21
ácidos polipróticos e alfa-valores, 21-23
agente oxidante, 11
agente redutor, 11
agitação, 33
amostras sólidas, tratamento e solubilização, 78-82
    água como solvente, 78
    ácido clorídrico como solvente, 78-79
    ácido nítrico como solvente, 79-80
    água-régia como solvente, 80-81
ânions, identificação, 70-74
aquecimento de solução, 35
Arrhenius, conceito, 16

Brönsted-Lowry, conceito, 16-17

cátions, 37-70
    Grupo I, 37-42
    Grupo II, 42-53
    Grupo III, 53-61
    Grupo IV, 61-67
    Grupo V, 68-70
centrifugação, 34
Claude-Louis Berthollet, 5-6
constantes de formações parciais, 26
constante de formação global ($K_f$), 26
constante de equilíbrio, 6-11
    características, 13
constante do produto de solubilidade ($K_{PS}$), 14-15

energia livre de Gibbs, 6-8, 10
EPIs, 31-32

equilíbrio iônico, 14-30
    de solubilidade, 14-16
    ácido-base, 16-25
    de complexação, 25-26
    de oxidação-redução (redox), 27-30
equilíbrio químico, 5-11
    reversibilidade reacional, 5
    história, 5-6
    características, 6-11
    tipos de, 12-14
    constante de equilíbrio, característica, 13-14
excesso de reagente, 34

fusão, técnica de, 81-82

Henderson-Hasselbach, equação, 23-24

lavagem do precipitado, 35
Le Chatelier, princípio, 6
lei de ação de massas, 6
Lewis, conceito, 18-19

minérios, análise, 74-77

número de coordenação, íon complexo, 25-26

par conjugado, 16-17
práticas de laboratório, 31
precipitação, 33-34
precipitação completa, 34
precipitação controlada de hidróxidos, 87
precipitação fracionada de sulfetos, 85-87
precipitados iônicos, dissolução, 88-89
    conversão em ácidos fracos, 88

conversão em íons compelxos, 88-89
oxidação de ânions, 89

reações não redox, 12
reações químicas, tipos, 11-12
reações redox, 11-12
   balanço de massa e carga, 28-29
   dissolução de precipitados por oxidação de ânions, 29-30
remoção do centrifugado, 35

segurança, normas, 31-33
solução tampão, 23-25

técnicas de laboratório, 33-36
teste de acidez e alcalinidade, 35